なぁんもねかったどー

紙と鉛筆と数学

北村秀秋 著

鉱脈社

まえがき

　「紙と鉛筆があればできる」という言葉に半ば飛びついて、数学を選んだ。数学といっても数学教師への道である。教師ならば何とか食っていけるだろう、というぐらいのことであった。それらは大いなる誤謬であったのだが、ともかくも今日まで数学教師として歩いて来れたことを幸いとしなければならないであろう。

　日本が敗戦した年（昭和20年〈1945〉）の１年前に生を受けた僕は、荒廃した中で小学校と中学校の義務教育を受けた。そして、何とか高校・大学へと進み、卒業と同時に中学校の数学教師に採用された。その後、教育行政にも携わり、高校や短大の教師を経験することもあった。

　振り返ってみれば、戦後日本の算数・数学の教育を、児童・生徒として受け、そして教師として教え、また行政の立場から関わってきたことになる。これは何でもないことのようであるが、僕には稀有な体験であった。

　その体験を振り返りながら、数学と教育の課題などについて考えたことをまとめてみたいという気持ちになってきた。そして、できるなら今の若い先生方の教育実践や親の子育て等に役立てればと考えるようになった。

　昔の教師は子どもたちとどう向き合ったか、そして、どのように数学を学んできたかなど、実際に遭遇した学習や授業の場面から見ていきたいと思っている。

　今の若い方々にはいささか古い教育手法に映るかもしれないが、問題は子どもたちの活動や思いを教師や大人がどう捉えるかということである。

目　次

まえがき ———————————————————————————————— 1

序章　戦後70年を振り返る —— 数学教育の変遷と我が数学人生 ———— 9

1．戦後の数学教育を俯瞰する
—— 学習指導要領の改訂にそって —— ……………… 9

2．我が数学教師への道 …………………………………………… 17

第1章　小学校時代の算数　昭和20年代から ———————— 27

1　かぞえるということ ………………………………… 28
2　「と」と「は」 ……………………………………… 35
3　足し算・引き算 …………………………………… 38
4　時計読み …………………………………………… 42
5　かけ算九九 ………………………………………… 45
6　わり算 ……………………………………………… 49
7　分数 ………………………………………………… 52
8　割合（歩合と百分率） …………………………… 56
9　速さ ………………………………………………… 60
10　面積（台形までの面積の求め方） ……………… 63
11　円周率と円の面積 ………………………………… 70
12　図形の周と面積 …………………………………… 76
13　体積（容積） ……………………………………… 80
14　度量衡 ……………………………………………… 84
15　ソロバン …………………………………………… 88

第2章　中学校時代の数学　昭和30年代初期 ——————— 93

1　正の数と負の数 …………………………………… 94
2　（負の数）×（負の数）はどうして（正の数）？ …… 98
3　文字式 ……………………………………………… 102
4　追いつけない ……………………………………… 106

5	方程式	109
6	数の拡張（無理数）	116
7	関数	118
8	図形（幾何）	123
9	ピタゴラスの定理	129
10	証明法の定着	134

第3章 高校時代の数学体験 昭和30年代中期 ——— 137

1	因数分解	138
2	判別式	141
3	指数法則と対数	144
4	三角比・三角関数	148
5	微分・積分	151
6	確率・統計	154
7	補助線	158
8	数列・級数	161

第4章 大学時代の数学 昭和40年前後 ——— 165

1	微分・積分学	166
2	集合論	168
3	多様な幾何	173
4	分からない	181
5	サマースクール	184
6	ゼミ	187
7	教育実習	189

第5章 公立学校教員時代の数学 昭和40年代 ——— 193

1	新米教師	194
2	現代化数学の授業（位取り記数法から）	196
3	「落ちこぼれ」か「落ちこぼし」か	200
4	平均値の考え方	205
5	偏差値問題と進学指導	207
6	統計と評価	210
7	数学教育研究大会	212
8	公立学校での授業（集中力と速さ）	216

第6章 国立学校教員時代の数学 昭和50年代 ——— 219

1 基礎・基本と応用（公立中と附属中） ——— 220
2 研究授業と授業研究 ——— 223
3 研究公開（共同研究） ——— 227
4 教育実習生への指導 ——— 230
5 研究論文 ——— 234
6 大学附属ならではの授業（大学生との授業研究） ——— 236
7 飛び込み授業 ——— 242
8 教材の開拓と教具の工夫 ——— 248

第7章 教育行政職時代の数学 平成時代 ——— 253

1 指導主事 ——— 254
2 不易と流行 ——— 257
3 試験問題を作ること ——— 260
4 校長の数学授業奮戦記 ——— 264
5 短期大学の一般教養「数学」 ——— 272
6 学力調査 ——— 275

第8章 数学教育点景 ——— 285

1 数学の本を読む ——— 286
2 数学は美しいか ——— 291
3 芸術と数学 ——— 294
4 紙と鉛筆と数学 ——— 304
5 数学者と数学教師 ——— 306
6 和算（日本の数学者魂） ——— 308
7 現行教科書考（現行教科書を読む） ——— 310
8 数学からの贈り物（数学の素養は残ったか） ——— 314

[参考文献] ——— 318

あとがき ——— 320

<ruby>紙<rt>なぁんも</rt></ruby>と<ruby>鉛筆<rt>ねかったどん</rt></ruby>と数学

紙と鉛筆と数学

序章 戦後70年を振り返る
—— 数学教育の変遷と我が数学人生

1. 戦後の数学教育を俯瞰する
—— 学習指導要領の改訂にそって ——

　戦後70年を振り返ると言っても、終戦直後の10年間と平成の10年間の科学や文化、そして経済などの発展は比べようもなく違う。生活面でも終戦後の我々は、棒を持ってチャンバラを楽しむ時代であった。今は、スマートフォンで疑似体験を楽しむ時代である。

　この70年を教育はどのように過ごしてきたか、学習指導要領の改訂やその時代の世相などを振り返ることから始めてみたい。

　戦後の日本の教育は、文化や経済などの急速な発展に応じて様々な変革が求められてきた。その中にあって数学教育の変化はことに激しいものがあり、履修時間の増減、教科内容の変更や精選や指導法の変更など試行錯誤を繰り返してきた。それは文部省（今の文部科学省）が布告する学習指導要領の変遷からも読み取ることができる。

　そこで、戦後の学習指導要領について簡単におさらいをしておきたい。ここから先は、少し堅苦しい文章になるので読み飛ばしてもらっても構わないが、学校での教育はこの学習指導要領を基準にしてなされているということは押さえていただきたい。

(1) 教育課程と学指導要領

　学習指導要領は、文部科学省が告示する初等教育・中等教育の学校における教育課程の基準を示すもので、学校教育法1条にある国公立・私立学校はすべて適用を受けるものとされ、法的拘束力もあると考えられている。

学習指導要領は、敗戦後すぐの昭和22年（1947）に試案として出されたものが最初で、その後およそ10年ごとに改訂されている。子どもの実態はもちろんその時々の世の中の動向を踏まえて改訂されるのであるが、都会の子どもと地方の子どもたちとの実態の差は大きく、それぞれの実態はつかむことはできても、それらを学習指導要領の教科の内容や指導法に反映させることは至難な業である。また、科学技術や文化などの発展が急速に進む時代にあっては、改訂がその進展について行けなかったり、そぐわなくなったりするなど、どのような改訂が望ましいのか判断するのは容易なことではない。

　戦後70年間の学習指導要領の改訂を見ていると、学力に対する考え方や対策が行きつ戻りつしている感が拭えないのだが、終戦後70数年を経てグローバル化してきた教育環境に、学習指導要領は新しい視点での教育の在り方を模索しているようにも感じている。ただそれが、OECD（経済協力開発機構）の国際学力調査などの結果に一喜一憂して、振り回されることなく、日本の子どもたちの未来を見据えた教育の指針となるようなものになってほしいものである。

⑵ 戦後の数学教育の変遷

昭和20年代

　経験主義に基づく生活単元学習といわれる教育がなされた。戦勝国のアメリカの進歩主義教育を背景としたもので、児童中心主義、地方中心主義的な要素が強かった。児童生徒の生活に密着した教育は興味深く関心も高かったが、数学の体系的な学習内容になっていなかったという弱点があった。

　例えば、「遠足」という題で、そこから派生する買い物の計算や道のりなどについて学習するというものであった。割合なども「ぜんざい作り」などを例にして、小豆と砂糖の割合を話題にして学習を進めるなどした。算数の教材が児童の生活から出発していたのである。理科の学習でも終戦当時の生活を見るような「納豆作り」とか「とうふ作り」などがあった。くず鉄拾いも生活の中にあったせいか、銅や鉄などの金属の見分け方や青銅や黄銅などの合金についても教科書にあった。

こういう学習は楽しかったが、教科の知識や技能が断片的で学力が付かず、「這い回る経験主義」などと批判されるようになった。僕が小学校時代に受けた教育であった。

昭和30年代

数学教科内容を系統化して、学問的にもしっかりした学習を身に着けさせようという改訂が行われた。僕が中学校・高校時代に受けた数学であった。系統化された学習は効率的に行われ、知識や技能の習得は容易になってきたと思われた。しかし、系統化された教材の積み重ねの過程のどこかでつまずくとその後の学習が難しく、そこを抜け出すのは容易なことではなかった。系統的に学習するということは、見通しが利く半面、系統上の次の段階の内容が次々と現れ、息つく暇もなく内容が高度化するので生徒には負担もかかった。

僕が中学校時代に、ソ連が人工衛星打ち上げに成功すると焦燥感（スプートニクショック）からか、アメリカをはじめとする欧米各国や日本では科学技術の向上が叫ばれるようになった。といっても、都城の片田舎の学校にはそういう波はまだ押し寄せることもなく、静かであった。その頃やっとテレビ放送が始まり、学校に１台しかないテレビで当時の皇太子（平成天皇）の御成婚の様子をかじりついて見ていたし、高校生になると日米安保条約反対のデモと警官の様子を、そして大学では東京オリンピックの実況を図書館のテレビで見ていた。我が家にはまだテレビもなかった時で、じっくりとした学生生活を送っていた。

しかし、オリンピックが終わると日本は高度経済社会の中に突入し、科学技術の発達は凄まじかった。そういう社会に貢献できる人材として理数教育の充実が求められるようになっていた。

昭和33年（1958）の教育課程改訂で、道徳の時間が特設されたが、僕が中学時代にはまだ実施されておらず、道徳の授業を受けた経験がない。

昭和40年代

　時代の進展に対応した教育内容ということで、数学では新しい教材がたくさん導入された。いわゆる「現代化」といわれるものである。中学校では、集合、位取り記数法、二進法、五進法、剰余系、単位元や逆元、図形のつながり（図形の位相的な見方）、点・線・面の数的関係、不等式、確率等々盛りだくさんの新教材が入ってきた。

　僕は大学を昭和42年（1967）に卒業して中学校の数学教師になったのだが、学校現場では「集合」などというものを学習したことがない先生もおられとまどわれていた。数学科出ということで、新米の僕に毎時間「どう教えればよいのか」聞いてから、授業に行かれる先生も少なからずおられた。生徒にも消化不良を起こす者が多く、「落ちこぼれ」とか「落ちこぼし」などという言葉で社会問題化した。現代化ということで新しく導入された内容は、系統化という視点からは程遠いもので、トピック的な面白さはあったものの系統性や発展性への配慮が教育課程の中で欠けていた。そして、現代化ということでもてはやされた教材の多くが、次の改訂では消えてしまったのである。

昭和50年代

　この時の改訂は、まさに現代化の見直しと学習負担の軽減ということであった。教科内容の精選という名目で現代化教材は削減されることになった。そして、「ゆとり」をもって教育をしていこうという機運が高まっていった。

　この「ゆとり」には「充実」という言葉がついて回った。「ゆとり」と「充実」は対立概念なのか、両立並存すべき概念なのか、いろいろな捉え方があり、論争の種になった。

　この時、僕は宮崎大学教育学部附属中に勤務していたが、現代化教材が削減され、基礎的な内容ばかりになると、何を教えたらよいのか逆にとまどってしまったものであった。

　しかし、しばらくすると基礎・基本を本当に教えるということの重要性に気づかされることになった。数学の基礎的内容を本当に理解するというのは

容易な力ではできないということであった。単に計算ができたり、方程式が解けたりする力よりはるかな能力が必要であるということを、附属中の子どもたちと学習する中で分かっていった。

平成元年代

「社会の変化に自ら対応できる心豊かな人間の育成」ということを掲げ、教科内容の精選がさらに進んだ。そして小学校では「生活科」が新設された。「新しい学力観」なるものが掲げられいろいろな誤解が生じてきた。新しい学力観とは「自ら学ぶ意欲や、思考力、判断力、表現力などを学力の基本とする学力観」であったが、これによって、一部では意欲や態度面を重視する指導に偏り、これまで重視されてきた基礎的基本的な知識や技能が軽視される傾向も見られた。

また、自ら学ぶ主体的な児童生徒を育成するという名のもとに、教師の役割は「教えること」よりも「支援すること」にあるという風潮も出てきて、授業が混乱したこともあった。「支援」という言葉の美辞に惑わされて、何も指導しない無責任な教師たちもいたのである。

僕はこの時、県教育委員会の指導主事であったが、基礎的基本的な知識や技能はなお必要なこと、教師が「教える」ということはどういうことか等、このような行き過ぎた風潮を払拭するのに苦労した。

折しも、社会では週休2日制が段々と浸透し、教育の場でも学校週5日制導入が検討されるようになった。それは、教育における学校の役割、家庭の役割、そして地域社会の役割などが論議される契機ともなった。学校週5日制は当面隔週実施で経過を見るということになった。

平成10年代

「生きる力の育成」ということが主題になり、教科内容の精選はさらに進み、ついには「厳選」という言葉が使われるようになった。

「生きる力」は平成8年（1996）に中央教育審議会が出したもので、『自分で課題を見つけ、自ら学び、自ら考え、主体的に判断し、行動し、よりよく

問題を解決する力自らを律しつつ他人とも協調し、他人を思いやる心や感動する心など豊かな人間性』『たくましく生きるための健康や体力』等を備えた人間の育成ということが力説され、こういう中で「総合的な学習の時間」が新設された。

学ぶ内容より、学び方を学ぶということを重視した方向に教育が転換されつつあった。

この時の改訂で、衆目を集めたのは小学校での「円周率」の取り扱いであった。文部科学省では「学習指導要領」の他に「学習指導要領解説」を出しているが、その中に、「円周率は3.14を用いるが、円周や面積の見積もりをするなど目的によっては3として処理していくことを取り扱うことにも配慮する」という文言があり、これが円周率を3にして計算させるのかという批判につながったと思われる。

さらに、この改訂での教科内容の厳選は学力低下を招くとして、「分数ができない大学生」という本などが巷では出版されて社会問題化した。文部科学省の教科調査官の中には、「とにかく削減ありきで、教科の学問としての要請は無視された」と言って、嘆いておられた人もいた。教科内容の削減がそれほど凄まじかったということであろう。

教科によっては履修時間が減らされたり、選択教科の取り扱いが学校現場では不確かであったりして、学力低下論が社会を渦巻いていた。そして平成15年（2003）、文部科学省は途中で「学習指導要領の一部改正」をおこない学力向上へと舵を切り始めた。

平成20年代

基礎基本的な知識と技能の習得、思考力・判断力・表現力の育成ということを軸に、授業時数を増やし、小学校では外国語活動という時間が新設された。そして小中一貫教育学校の試みも始まり、学校教育が多様化の様相を示しだした。学力問題は熱を帯び、全国学力調査が毎年行われるようになり、その結果の公表の在り方などを巡って問題となった。

ICT（Information and Communication Technology＝情報通信技術）機器（電

子黒板、タブレットPCなど）が次第に学校に設置されるようになったが、自治体の財政状況や認識に温度差があり十分とは言えない。今後、ICT機器の設置の拡充やそれを使った学習や指導法の研究など教師の育成も必要となってきた。

(3)様々な学習指導要領の受け止め方

このように、学習指導要領は日本の教育の指針として大きな役割を果たし、法的にもこれに従うということは明確になっているのだが、受け止め方は様々である。

まず、小・中学生ではその存在すら知らないであろう。高校生になって単位の取り方や大学受験となると、少しは学習指導要領の内容や範囲が気になろうが、それらは教科書を学べば済むことなので、ことさら学習指導要領を意識する必要はない。

短大や大学でも関係がない。ただ、教職員になろうとする学生には就職試験等に必要である。「教育法」の時間等で学習指導要領を使っての講義もあるであろうが、学生にはこれが将来教師になった時に役に立つであろうという実感がないのが実情である。問題は、現職の教職員である。子どもたちに直接指導するのは教師であるから、学習指導要領については精通していなければならないはずであるが、これが案外と徹底されていないというのが現状であろう。

学校では、授業で教科用図書（教科書）を使用するようになっている。教科書は、学習指導要領に法り作成されたもので文部科学省の検定を受けている。だから教科書を基に指導しておけば、ことさら学習指導要領を見なくても毎日の授業には困らないということである。

「教科書を教えるのか」「教科書で教えるのか」ということが話題になることがあるが、こういうことでは、さしずめ「教科書のみを教える」という授業になりかねない。

と、偉そうなことを言っているが、若かりし頃の自分もそういうことがあった。ただ、数学教育研究大会の授業者や発表者になることが多かったの

で、少なくとも関係する部分の学習指導要領の内容や使用教科書以外の他教科書などを参考にするなどして研究会に臨むようにはしていた。

中学校の教師は自分の専門教科について要領を知っておけば大体事足りるが、小学校の教師は全教科しかも道徳、特別活動などについても要領の内容を把握しておくことが必要であり、大変な量をこなさなければならない。指導主事になると学習指導要領はバイブルみたいなもので、隅々まで精通しておかなければ仕事にならなかった。学習指導要領は教育界では幅を利かすものの、国民のほとんどは読んだことも見たこともないかもしれない。改訂時期にはマスコミ等で学力低下問題や歴史認識・領土問題などが話題になり、学習指導要領の内容が記事になることも多いのだが、その記事を書いている記者の中にも、学習指導要領を実際に手に取って見た方は少ないのではないかと思われる。

ある時、マスコミ関係者から学習指導要領を貸してくださいということで貸したことがあった。小・中学校の昔の学習指導要領は、ともにB4版で120～30ページくらいの薄い出版物として公表されている（現在はA4版の大きさになっている：その分重たくて持ちにくいというのが難点である。インターネットの文科省のホームページで見ることもできる）。

その中身といえば、各学年の教科ごとの目標と内容、それに道徳、特別活動等の目標と内容、そして取り扱うべき時間や留意点が箇条書きふうに書いてあるだけである。

ニュースなどで「学習指導要領が改訂され」とか、「学習指導要領によると」などと喧伝されるので、さも問題になるようなことが事細かに書いてあるのではないかと思われがちであるが、指導要領そのものは淡々と書いてあるだけで、どこが重大なのか、課題がある箇所はどこなのかさっぱり分からない。数日後、やって来た記者さんが「学習指導要領って、こんなものなんですか」と、ややがっかりしたように呟かれたのが印象に残っている。

学校の教師が読んでおかなければならないのは、「学習指導要領」よりむしろ文部科学省が出す「学習指導要領解説」であろう。これは学習指導要領にある目的や内容について解説を加えたもので、実際に改訂に取り組んだ教

科調査官を中心にした編者たちが書いているので、改訂の意図や内容の取り扱い、あるいは留意点等が分かりやすい。

　と言っても、関係者以外の方々には無味乾燥な文章としか思えないかもしれない。それを意味あるものとして読めるのは関係者、それもある程度精通した人だけかもしれない。学校の教師にしても、よほどの覚悟をもって細心の注意を払いながら読まないと肝心なことを見落とすことがある。

2．我が数学教師への道

　教師になろうとした頃、「デモ・シカ」先生という言葉が流行った。就職口がたくさんある良き時代の言葉で、「先生にでもなるか」とか「先生にしかなれない」などと、教師という職業をやや揶揄するような使い方がなされていた。今日の教職への就職難から考えると夢のような話である。しかし、僕にとって教職は「デモ・シカ」ではなく「シカ・ノミ」であったのである。

　小・中学校時代には理科や算数に興味があり、科学空想物語や怪盗ルパンなどの推理物語、『鉄腕アトム』などの漫画を好んで見ていた。また、音楽も好きで歌をよく歌い小学校では合唱部、中学校では吹奏楽部に入って活動していた。学業は普通であったが、身体が細く、いみじんごろ（都城地方の方言：臆病者、恥ずかしがりや、引っ込み思案の者／忌み慎む人の意）で他の者に悪戯などをすることもなかったからか、先生方からは有り難くも迷惑なことにまじめな子どもと思われていた。

　僕が小学校に入学した年、父は病と称して無職となり、代わって母が失対労働者（失業対策事業の労働者、手当の額をもじってニコヨンと呼ばれていたことがあった）となって働きだした。それに９人という子だくさん。家は貧しかった。そのうち、姉や兄たちは嫁にいったり就職したりして家を出ていった。中学生になった頃には、家には両親と僕の３人になっていた。

(1) 高校受験

　中学生の頃、将来の進路の話が出ると何故か先生方は僕に教師になること
を勧めるのであった。多分それは僕の家の状況を勘案しての、温かくも冷静
な判断であったと思っている。
　「先生になったらどうか」
　「先生になれば、贅沢はできないが何とか生活はできるぞ」
　そして、
　「お前なら、いい先生になれるが」
　などと付け足されるのであった。
　僕の将来は周りから収束されていく感じで、自分でも何となく「先生しか
ないのか」などと将来を限定的に捉えていくようになってしまった。
　しかし、そういう声を聞きながらも我が家の暮らしぶりから考えると、そ
れはどこか遠いところの話で現実味がなかった。まずは高校に行けるかどう
かも分からなかった。母の簞笥の引き出しに仕舞われている兄姉たちの通知
表を見てみると、それぞれに優秀な成績を収めているのであったが、義務教
育が終わると皆就職をしているのであった。僕もそのような進路を辿る予感
があった。
　僕はその頃部活動の吹奏楽部でラッパを吹いていて、春休みになると集団
就職列車で旅立つ卒業生のために、都城駅のプラットホームで演奏をしてい
た。1、2年後には自分もこのように見送りされるのかも知れないと思って
いた。
　僕が中学校を卒業する頃には兄姉たちはそれぞれに一家をなし、末っ子の
僕にはなんとか高校に行かせてやりたいという雰囲気があった。そのような
有り難い気配を感じながらも高校に行くかどうか迷っていた。もし高校に行
けたとしてもいつまでも家族に迷惑をかけるわけにはいかない、高校を卒業
したら早めに就職できるところと考えていた。
　高校進学について両親とあまり話すことはなかった。その日暮らしの家の
中でそのような話をすると、重苦しい空気が流れる気配を感じていたからで
あった。

ある日、参観日から帰ってきた母が、

「どこにすいか」（どこの高校にするか）

と進学を認めるような話をきり出した。僕は「工業高の機械科」と小さく言った。高校に行けそうだという嬉しさがじわりと込み上げてきた。そして父に許しを得て願書を提出した。

ところが、願書締め切日の前日に僕は職員室に呼び出され、そこで担任の轟木先生から見せられた願書の志望校は「泉ケ丘高等学校　普通科」になっていた。

「おおっ」と一瞬目を疑った。そこでも先生は、

「大学に行って、先生になったらどうか」

と言いながら、ご自分が師範学校を苦労して出たことなどを話されるのであった。

将来のことを親身になって考えてくださる先生の思いや我が家の状況などに思い巡らすと、いよいよ迷った。しかし、締切日は明日。今日中にどうするか決めなければならなかった。

「両親に相談して決めたいと思います」

と、言おうとして咄嗟に僕の口から出たのは、

「分かりました。やってみます」

という自分でも驚くべき言葉であった。そして親にも相談することなく、その場で志望校を変えてしまった。今なら電話などで両親に連絡もできるであろうが、その時代に家庭電話なぞどこにもなかったのである。

志望校変更を決断したのは、高校３年間の学費が変わらないのであれば、どこで学んでも負担は同じであろうとの思いがひらめいたからであった。何を学ぶのか、何になるのかなどという将来の設計は僕にはあまりなかった。ただ、学費のことと早めに就職できるところということが漠然と頭にあっただけで、志望校がここでなくてはならないという強いものはなかったのである。問題は、３年間ちゃんと高校に行けるかどうかであった。３年後の進路は３年後で考えれば何とかなるだろう、というまことに曖昧な判断をしたのである。考えてみれば、僕の人生はいつも成り行き任せのいい加減で雑駁

なものであった。その日、家に帰って、

「先生が、普通科を受けよと言やった（言われた）」

と両親に報告したら、そのことの事情を確かめることもなく、

「あいがてこっじゃ（ありがたいことじゃ）」

と他人ごとのように感謝する親がいた。変わっているといえば変わった親である。

　小学校しか出ていない明治生まれの両親にとっては、先生の言われることは絶対的な重みがあったということでもあったのかもしれない。そういうことがまかり通るゆったりとした空気が、その頃の昭和にはあった。

　今考えてみれば、経済基盤の弱い我が家の両親にしたら子どもにどうこうせよという自信がなかったのかもしれなかった。預貯金はなし、その日暮らしの中で、子を高校に行かせるにはいったいどのくらいお金があればいいのか見当もつかず、見通しがあるわけでもなかった。

　だから、学校の先生の言うとおりにするのが親としても一番安心であったのかもしれなかったのである。経済的な裏付けは全くないが、息子が高校に行ったら行ったで、家は何とかなるであろうというほどの心積もりで、末っ子の僕を高校に行かせてみようということだったように思われる。幸いなことに我が家は長年の貧乏暮らし。家族全員がその日暮らしには慣れており、今さら何があっても心配することはないという覚悟が身に染みついていたのである。

　といって両親は無責任な親ではなく、世間的な義務や責任はきちんと果たしていたし、子ども思いの強い親であった。我が家の不思議さは、貧乏をしながらも貧乏をしているというさまをひとつも見せなかったということであろうか。我が家には薩摩の下級武士的なやせ我慢の気風があり、食うや食わずの中でも他人の前では毅然としたところがあった。

　ある時、鹿児島のあの大山巌の姪や曾孫に当たると思われる高校の女先生と、東京の大学で物理を専攻している大学生のお二人が我が家に僕を尋ねて来られたことがあった。何でも中学生のくせにバッハやベートーベンの音楽などを聴く変わった子どもがいるというようなことを友人の中学校の先生か

ら聞かれて、その子に会ってみたいということになったらしい。初対面では
あったが音楽や読書のこと、数学や物理のことなどについて話がはずんだ。
本屋にも連れて行ってもらい、湯川秀樹の自伝『旅人』という本を買っても
らったりした。そのお二人が別れる時、

　「あなたの家は貧しいと聞いていたが、あなたやあなたの家族を見ている
　とそれを全く感じないですね。むしろ裕福な感じがしました」

というようなことを言われてびっくりした。このお二人にはその後も進路
などでいくつかアドバイスをいただいたりしたが、こういう人間関係という
か人情の機微が、旧薩藩には風土として残っていたということであった。

　さて、突然の進路変更で入試は大丈夫かと心配するところであるが、その
頃の県立高校の入学試験は幸いにして全9教科であった。音楽や美術・保健
体育、職業（今の「技術家庭」）などの技能教科のペーパーテストは僕の得意
とするところで、比較的高得点を取っていたので全教科の合計点数は高く、
順位だけは常に合格圏内に入っていたのであった。

　中学校の先生方は僕の家庭状況を思われて、月千円の日本育英会の奨学金
を貸し付けてもらえるように手続きをしてくださった。ちなみに、昭和35年
（1960）の入学当時の高校教科書は数学I幾何が104円、数IIが83円、数IIIが
100円であった。千円は我が家にはとても貴重なお金であった。

(2) 高校時代

　普通科高校に入ったのは、結果的には自分にとってとてもいいことであっ
た。まず女生徒が多かった。そして授業もそれなりに面白かったのである。
先生には個性的な方々が多く、話を聞いたり会話したりするだけでも楽しか
った。こういう転換のチャンスを与えてくださった轟木次男先生には感謝す
るばかりである。

　普通科高校に入った僕は高校生活を大いに楽しんだ。勉強はほどほどだっ
たが、部活動の合唱に熱中し、本などもそれなりに読むことができたのであ
った。

　合唱部活動を中心とした高校生活を楽しんでいるうちに、またまた進路を

決定しなければならないときがきた。高校３年生の夏に親父が他界し、家では失対労働者の母との二人暮らしが始まっていた。高校受験の時に感じていた、早めに就職しなければという思いは常にあったが、普通科で学んでいるうちに大学に行ってみたいという気持ちも出てきた。特段そのことを母と相談したことがなかった。僕には、高校卒以後の進路は母に相談すべきことではないという思いが常にあった。母は、

　「自分の思ったようにすればよい。進路は自分で決めよ」

と言って大学に進学することを肯定も否定もしなかった。兄姉には、我が家から一人ぐらいは大学に行ってもいいという雰囲気があって「行けるものなら行け」と言うので、自分なりに進学に向けて一つの方針を固めた。それは、

　「学費は奨学金やアルバイトで何とか自分で都合する」

　「不合格なら即就職する」

という２点であった。有り難いことに、その頃の大学の授業料は月千円で、高校の授業料やPTA会費など必要経費の合計より安かった。母親に今までどおり家で食べさせてもらえれば、奨学金と家庭教師等のアルバイトで学費は何とかやっていけるだろうという見通しであった（その頃、自宅通学生の日本育英会の奨学金は月五千円であった。家庭教師の相場は週１、２回で月二千円から三千円くらいであった）。一見悲壮な決心に見えるが、一方ではやはり母や兄姉に頼る末っ子の甘えた気持ちがあった。

　しかし、そういう見通しを立てると楽観してしまうのが僕の特徴で、大学進学のために準備をことさらするでもなく淡々と過すことができるという長所（最大の短所）が自分にはあった。だから、方向を決めた後は悠々と合唱を続け、高校生活を楽しんだ。

(3) 進路選択

　高校でも、先生方から「先生になれよ」という声をかけられることが多かった。しかし、誰一人として県外などの都会の大学を薦められる先生はおられなかった。僕の学力と家庭の事情を既にお見通しだったのである。

「僕の行ける学校は、地元で教員養成をする昔の師範系大学なのだ」という自己規制がどこかに芽生えてしまっていた。ここで一念発起し、「どうしても東京の大学に行って頑張るぞ」と青雲の志を抱けば素敵な若者にもなったのだろうが、波風を立てることなく無難にすませようとするのが真面目と評されてきた生徒たる僕の所以であった。

　進路は学校の教師シカなく、しかも金のかからない近隣の国立大学ノミということになった。と書くと、いかにも教育系の学部や地元の大学を見下しているように思われるかもしれないが、大学に行くことは夢のまた夢、僕にとって現実的なものではなかったのである。実際、どのくらいの学力やお金があれば大学にいけるのか見当もつかなかった。ただ、「行けるものなら行きたい」という願望だけが大きくなっていた。

　教師になるのはいいとして、何を教える教師になりたいかという具体的な話になると、全く決めていないといういい加減さであった。好きなのは音楽だが、ピアノが弾けない。テストで点数が稼げるのは国語だが、古文を読むのは七面倒臭い。社会科は面白いが、世界史の人名を覚えるのが厄介。理科は化学が苦手。英語は散々。などと自分の勉強不足や努力不足は棚に上げて何を選ぶか迷うばかりであった。そして、最後の最後に残ったのが数学という教科であった。

　「数学は紙と鉛筆があればできる」「数学は金のかからない教科だ」などという声が聞こえてきて、僕の境遇にはぴったりであった。幸いというべきか不幸というべきか、僕は数学が嫌いではなかった。成績もそれなりに普通であった（などと思っていたのだから不思議な自信である……）から、次第に数学科に行こうという気持ちに傾いていった。

　ところが、その段階になって迂闊にも自分が文系コースにいることに気づいたのであった。文系コースの数学の授業時間は理系コースの生徒に比べて少なかったし、数学の教科書も理系のものとは比べようもなく薄く、内容も基礎的なものばかりであった。大学の数学科に通用できるようなものではなかったのである。何たる失態かと僕は自分の不幸を呪った。だが、今さらどうすることもできない。数学科を受験するしか道が見つからないのであっ

た。自業自得とはいえ、土壇場に来てこの体たらく、泣くにも泣けない、もう笑うしかなかった。

しかし、これがきっかけとなって、「数学科に行きたい」という目標のようなものが心に芽生え、「何とかしなくては」という気持ちが少しずつ湧いてきた。数学科に受かるためには何が足りないかということを見極めて、受験日までの残された期間にそれを克服しようと計画を立てた。しかし、それを実行するにはあまりにも時間が足りなかったのである。

時間を得るために僕は学校で行われている課外授業をやめ、自分に必要な教科内容の勉強に専念することにした。と書くと、勇ましいように聞こえるが、その頃の僕の能力は課外授業の内容が難しく、ついていけない状況であった。だからやめるのに躊躇はなかったのである。

⑷ 大学受験

当時、我が高校から宮崎大学学芸学部（現在の教育文化学部）の数学科へ進んだ先輩は多かった。きっと貧乏な方々が多かったのだろうなどということは思わないでもなかったが、とにかく、数学科志望者が何故か多かったのである。

僕が受験した年も10名ほどが数学科を志望していた。数学科の募集定員は10名程度であったので、我が校の志望者だけでも定員に達しているのであった。しかも皆理系コースで僕だけが文系からということになった。とても勝ち目はないが今さら進路変更もできず、腹を括って突き進むしかなかった。

さて、その入学試験である。国語や英語などはどういう内容のものが出題されていたかさっぱりと忘れてしまったが、数学については50数年経った今でも不思議と覚えている。

用紙が配られると、早速１番の問題から解答に取り組んだ。ところが、簡単な計算問題であるはずの１番が解けないのであった。じゃ、２番にと進んだがこれも解けそうにない。では３番は、と見ていくとこれも厄介なようだ。次第に手から汗が滲み出した。周りの受験生は黙々と鉛筆を走らせている。焦りは頂点に達した。すると、どこからか声が聞こえてきたように思っ

た。

　「焦るな。解くのをやめよ」

　という声であった。多分自己暗示の声であったのだろうが、僕は我に返って鉛筆を置き、しばらく目をつぶった。10分くらいもそうしていたろうか。心が少し落ち着いてきたところで、僕はおもむろに目をあけて問題を再び読みだした。

　すると今度は、多くの問題がこれまでに解いたことのあるような問題であることに気付いた。1番は難なく解け、2番、3番も正解だという手ごたえを感じながら解いた。試験時間は2時間くらいであったので最初15分くらいは四苦八苦したが、厄介で手に負えないと判断した小問を残して大方解いた。解いたといっても正解であるかどうかは分からない。

　昼休みになった。受験生は大学の原っぱで弁当をひろげて食べた。隣近所では早速解答談義が始まった。僕はそれに加わることなく傍らで黙って聞いているだけであった。ところが、漏れ聞こえる友達の解答と自分の解答がことごとく違うのであった。他の友達は答えが同じであることを確かめ、頷き合い、うれしそうに弁当を食べている。僕は次第に気もそぞろ、弁当どころではなくなった。僕は居たたまれず、皆と離れて先ほどの数学の問題を反芻した。

　すると自分の解答も満ざら不正解ではない。ひょっとしたら○かも知れない。少なくとも部分点はもらえるだろう、などといつもの根拠のない希望的観測が頭をもたげてくるのであった。恐るべき我が楽天性である。

　終わった試験のことを何時まで考えても仕方がない。後は運を天に任せるしかないと次の試験教科の参考書を開いた。しかし、目は活字を追うのだがいっこうに頭に入らず、何故か大阪の布団屋の影がちらついた。

⑸ 大学合格

　合格発表の日、僕は都城からわざわざ宮崎大学まで結果を見に行った。発表を見に来ている人はほとんどいなかった。というのは、当時宮崎大学は一期校であったので、受験生には来るべき二期校の受験に備えて合格発表を見に来る余裕などなかったのである。僕も二期校に願書を出していたが、そこ

に行く旅費や宿泊費などの工面もできず悶々としていて、一刻も早く一期校の合否を知りたかったのである。できるなら一期校で終わりにしたかったのであった。

　その頃は、情報伝達機器が未発達で、九州大学などはラジオで合格者発表をしていた時代であった。それで合否を電報で知らせてくれるという学生アルバイトが大流行で、入試の日にそれを申し込む受験生も多かった。手数料500円程度であったが、僕などは500円もあれば都城・宮崎間を往復してもお釣りがくると思って電報を頼むことはしなかった。『サクラサク』か『サクラチル』の電文で500円だから、学生アルバイトは相当に儲けたにちがいない。

　さて、合格発表の時間になると係りの人が大学の門近くの掲示板に合格者の受験番号を張り出した。小さなガリ版刷りの用紙であった。僕は人が去るのを待ち、一呼吸おいて掲示板に近づくと、自分の番号が数学科合格者の中にあった。僕はしばらくそれをじっと見つめていた。うれしいというよりほっとした。浪人できる境遇ではなかった。失敗したら遠い親戚が経営する大阪の布団屋に就職するつもりであった。

　我が高校からの数学科合格者は、僕1人であった。歌ばっかり歌っていて碌に勉強もしていない文系コースの者が合格したというので、「なんでじゃろか」「いつ勉強していたのじゃろか」などと噂されたらしい。僕が合格したのは運がよかったとしか言いようがない。ヤマが当たったようなものであった。もっとも、ヤマをかけられるような力量はない。教科書の問題を何回も何回も繰り返し解くという極めて単純な受験勉強で、本当にヤマも何もなかった。試験に出されたところがヤマになったという幸運に恵まれたということであった。

　しかし、この喜びの合格が数学と苦闘する大学時代の始まりになろうとは、その時には夢にも思わなかったのであった。

　教師シカ、地元国立大ノミ、しかも数学シカ、数学ノミという選択肢の中で、なんとか大学に入った僕であったが、大学を卒業すると同時になんとか中学校の数学教師になるという幸運に恵まれたのである。

第1章 小学校時代の算数

昭和20年代から

1　かぞえるということ

　先生が黒板に貼られた紙には5つの赤い風船の絵が描いてあった。先生は、
　「風船はいくつありますか」
　と生徒に質問された。すると生徒たちは、
　「わから〜ん」
　と答えた。本当に分からないようである。そこで先生は、

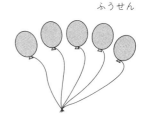
ふうせん

　「どうすればよいでしょうかね。……数えてみましょうか」
　と生徒たちに語られた。生徒たちはイチ、ニイ、サン……と思い思いに数え始めた。
　みんなが数え終わった頃、先生は、
　「はーい。風船はいくつありましたか」
　と問われた。すると生徒たちからまた、
　「わから〜ん」
　という声が聞こえてきた。先生は少し焦られた様子で、
　「じゃ、みんなで一緒に数えてみようね」
　といいながら、風船を指差しながら数え始めた。みんな大きな声で唱和し、
　「イチ、ニイ、サン、シ、ゴ」
　と数え終わったところで、先生はまた質問された。
　「風船はいくつありましたか」
　生徒たちは、口々に「5つです」「5個です」と答えていたが、中にはまだ
　「わからーん」
　という生徒もいた。

先生は分からないといった生徒を指名して、もう一回数えようかと提案され、その子と一緒に風船を指さしながら数え始めた。その子は、
　「イチ、ニイ、サン、シ、ゴ」
と間違いなくしっかりと数えた。先生はうれしそうな笑顔になって、
　「いくつありましたか」
と言われた。するとその子はまた、
　「わから～ん」
というのであった。先生は少しムキになって、
　「今、イチ・ニイ・サン・シ・ゴと数えたでしょう。いくつありましたか」
　「わから～ん」
その子は本当に分からない様子であった。

　これは中学校の特別支援学級で実際にあった授業のひとこまである。僕は教師になってこの授業を参観していたのだが、子どもたちの「数」の分からなさに大変なショックを受けたのであった。子どもたちの理解力や能力の低さなどということではなく、「数えた」ことが「いくつあるか」に結びつかないという現実を目の当たりにしたからであった。数学教師として十数年も経っていたが、初めての経験であった。数の概念形成の難しさや重要さをこの授業でひしひしと感じた。

　自分自身の小さい頃のことを振り返ってみると、「数える」ことと「いくつあるか」ということは同じという認識がいつの間にかでき上がっていたようで、ことさら学校で困ったというような記憶がない。もっとも幼い自分がそういう「認識」などということを認識しているはずがない。これは多分に父や兄姉たちが絵本やおもちゃ等を使って、僕に一つ、二つ、三つ……という「数の呼び方」と、動物や自動車などの「物の個数の数え方」を口移し的に何度も繰り返し教えてくれたせいであろうと考えている。そういうことを通していつの間にか、数えるということが身に着いたのである。学校でそのようなことを習ったという記憶を持っている人は、ほとんどいないのではな

いだろうか。

　この授業を通して分かったのは、数は唱えられても、物の個数や量が分かるとは限らないということであった。リンゴ1個もえんぴつ1本も車1台も1という数で表される。1とは何か、個数とは何かなど、小さい子どもに分からせるのはなかなか難しい。一つひとつの具体物と数を対応させながら根気強く感じ取らせなければならないのであろう。

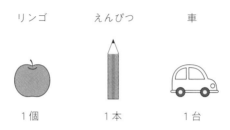

　小学校の低学年時代の数の授業は、数概念の形成にもっとも重要である。低学年で養われる基礎概念は、その後の社会生活にずっと影響を与えることになる。特に小学校1年生を教える教師の力量はとても大切である。
　イチ・ニイ・サン……と唱えること・読むこと（数詞）
　1・2・3……と数字を書くこと（記数法）
　そして「数えること」と「いくつある」という「数と量の関係」
　等については、互いに関係づけながら細かく指導していかなければならないであろう。
　例えば、下のようなリンゴとミカンの図を見せると、

リンゴが3個、ミカンが2個という答えが返ってくるであろう。そこで、
　　リンゴとミカンは合わせていくつありますか。
と問えば、どういう答えがかえってくるだろうか。

答え　・合わせると５個

　　　　・リンゴ３個、ミカン２個

どちらが正解だろうか。そもそもこの問いは良いのだろうか。例えば、

リンゴが３個と犬が２匹の絵を見せて、合わせていくつでしょう。

と問われたときは、どう答えればいいのか迷ってしまうであろうし、問い
そのものが成り立つのか検討されることになるであろう。

さて、先のリンゴとミカンの図でものを数えるという行為をするとき、左
から順に、１，２，３，４，５と数えて５個という数を求めることはあまり
しないのではないだろうか。まず、リンゴを数え上げ、そしてミカンを数え
るという、同じ種類のものをまとめて数えていくという操作を自然としてい
るのではないだろうか。こういうことは、人間の経験や習慣として培われて
いて、無意識のうちにそういう数え方をしているのである。そういう意味で
は、小さいうちの子どもの家庭における経験やしつけや習慣は大変重要にな
ると考えられる。

「数える」という行為は、自然数で数えていることであり、自然数には量
を表す基数と順序を表す序数という使い方があることも知っておきたい。英
語では、one，two，three……という基数と、first，second，third……と
いう序数を区別しているが、日本では数詞上その区別がない。日本語で区別
するときは「第」とか「番目」などの言葉をつけたして序数であることを表
示している。

　また、数には名数と無名数があることにも、指導者としては留意しておき
たい。簡単に言えば、単位がついている数は名数、単位がない数が無名数と
いうことだが、子どもたちにはその意味を具体的に分からせることが大切で
ある。例えば３と４という数で、無名数の時の比較では４の方が大きいのだ
が名数の時、３ｍと４㎝の比較になれば、３と４という数そのものの比較は
できない。

　こういうことを子どもたちに何時教えるかということは、子どもの発達段

階や教材の配列などによって違ってくるであろうが、指導者としてはそういう論理的な裏付けを常に持ちながら、機会を捉えては子どもたちに応じた指導を工夫することが大切である。

　別の日、同じ特別支援学級で図形の授業を見る機会を得た。投影図的な図を見せて、実際の形を見取り図に描くという授業であった。ここでは先日の風船の数を数える授業とはうって変わって、とても活発であった。見えない部分の図形も想像で補って見取り図を描いているのである。図は上手いものではなかったが、形の捉え方やつながり方に間違いはなかった。彼らのもつ図形概念の素晴らしさに唸らされた。

◎かくれんぼ

　昔はかくれんぼや缶蹴りをしてよく遊んだものである。缶蹴りは鬼になった者が蹴られた缶を拾って、また元の場所におくとゲームが始まる。缶が遠くに蹴られると遠くに逃げて隠れる余裕が生まれるのである。

　かくれんぼは、鬼になった者が「もういいかい」、隠れた者が「まあだだよ」と掛け合いながら、最後に「もういいよ」というと鬼の探し方が始まるのであるが、僕たちのかくれんぼは、鬼が100数えたら探し始めてもよいという約束で遊ぶことが多かった。かくれんぼの場所によって鬼の数える数を100にしたり、50にしたりした。鬼は腕や手で目を隠し、「1，2，3，4……100」と唱えながら数えるのである。鬼の数える速さは人によって万別で、1分かかる者もいれば、30秒で数え上げる者もいて、隠れる方は、それに見合った隠れ方をしなければならないのであった。

　ところがである。目上の者の中に、

　「よしわかった。では数え始める。ニシロッパット、ニシロッパット、ニシ……」

　と10回唱え、「100数えたぞ」というのが出てきた。

　物の数を2，4，6，8，10と二つずつ数えていく方法を応用したのであった。この数え方で早く唱えると10秒もかからないので、隠れる暇もなく見

つけられてしまうのであった。僕たち小さい者たちは「ずるーい」と一斉に不満を言うのであったが、聞き入れてもらえないのであった。

　こういうずるいルール破りに、僕は我慢がならなかった。いつかどこかで仕返しをしなければならないと作戦を練った。ある時に僕がかくれんぼの鬼になることがあった。〝ニシロッパット〟の先輩もいた。

　「さあ、かくれんぼを始めるよ。百数えるからね」と言って僕はおもむろに腕で目を隠し、

　「100」

と最初から言って目を開け、まだそこにいる全員の名を呼んで、かくれんぼは一挙に終わった。みんなは僕を取り囲んで、僕の非を言い立てるのであった。僕は、

　「百ずつで数えたのだ」と言った。

　みんなは「そんなのずるい」と言って大不満である。

　「じゃ、10ずつで数えようか。10，20，30，……90，100」

　と３秒くらいで数え終わらせた。すると、

　「そんな数え方もずるい」

となって、その後、ニシロッパットの数え方もおかしいとなって、やめになった。

　反対にくそまじめな奴もいて、その子が鬼になった時、待てど暮らせどいっこうに捜しにくる気配がない。どうしたのかと隠れていた所から皆が出てきた。すると、鬼になった子はまだ数えているのであった。しかも、指を折り折り１ずつ頷き確かめながら丁寧に数えているのであった。そして、

　「まだ、80しか数えていない」

　という。あまりの遅さにみんなは白けてしまって、その「かくれんぼ」は終わりになった。

　かくれんぼでは隠れる時間の確保が必要なことで、その時間を数で保証しようというものであるが、数え方の速い者、遅い者がいることから一定の時間が保証されるものでないことは誰にでも分かっていることで、こういうや

り方はいろいろなところで見られる。

　子どものお風呂もその一つである。孫が数を数え始めたと自慢気なじいちゃん・ばあちゃんが、「30数えきるまでお湯に首まで浸かっておけ」と言うと、孫は「イチ、ニ、サン、シ、ゴ、……」とたどたどしく数えていく。途中でわからなくなると、じいちゃんは「ナナじゃがね」と得意満面に指導なさるのである。そして、孫が30まで数えると、目を細めて満足げに褒め、「明日は50までね」と付け足すのである。孫はと見れば、顔も体も真っ赤に茹で上がっているのである。数えることと時間は全く関係ないのである。

　私たちは普通「数える」という言葉を使っているが、今まで述べてきた例は、イチ、ニイ、サンは数の名（数詞）を唱えているのであって、物を数えているという概念が育っているわけではないのである。とは言うものの、我が子が「ひとつ、ふたつ」と数を数えだすと、親はこの子は天才かもしれないとたまらなくうれしくなるものである。

2 「と」と「は」

　昭和20年代、小学校に入学した僕が最初に分からなかったのは、「と」と「は」であった。今考えると何のことはない概念なのだが、当時は「と」と「は」が何を意味しているのかさっぱり分からず泣く思いをした。

　「と」と「は」は当時の教科書には、次のように表記されていた。

　　　2と3は□　　　　5は2と□

　□の中に何かを入れなければならないということは分かったが、何を入れるべきか見当がつかなかったのである。授業で先生は説明されたのであろうが、よそ見などして説明がひとつも耳に入っていなかったのである。僕は、

　　　2と3は　4より小さい数

とか、1より大きい数などと言っていた。

　兄たちは『と』は足す、『は』は引くと教えてくれるのだが、足し算とか引き算の意味が分かっていない僕には、それが理解できないのであった。

　兄たちは、

　　　2と3は□　⇨　2＋3＝　　ということで「と」は「足す」
　　　　　　　　　　　　　　　　「は」は「＝」のこと

　　　5は2と□　⇨　5－2＝　　ということで「は」は「引く」こと

であると教えてくれるのだが、僕は、

　　　「は」は＝である。だから、5は2と□　⇨　5＝2＋□　となる

といってきかないのであった。「は」が「引く」になったり「＝」になったりする兄たちの説明が分からないと言うと、兄たちはすかさず、

　　　「『5は2と』の答えを出すには引き算をせんとならんじゃろが」

と僕を説得するのであった。僕はなんとなく次第に分かってくるのだが、それでも抵抗するのであった。

「『と』の意味もわからん。『と』とせんで、足すにすればいいとじゃが」
と駄々をこねるのであった。その頃になると兄たちも激してきて、
「教えたとおりにすればでくっとじゃが（できるのだ）、なんで言うことを聞かんとか」
と言い出す。僕は涙目になりながら、
「分からんとやもん（分からないんだもん）」
と、なおも抵抗するのであった。すると、
「もうお前には教えん」
と兄たちは匙をなげるのであった。兄弟が教え合うということは大方こういう顛末になるものである。
　学校では多分、
　「２と３は」　は　「２と３を合わせるといくつになりますか」
　「５は２と」　は　「５は２と何をあわせた数ですか」
などと『合わせる』という言葉で教えていただいていたのであろうが、その記憶は希薄である。こういうのは「と」と「は」の一つずつの意味ではなく、文節として「２と３は」の意味や使い方を教え、理解させなければならないのであろう。
　授業では、『合わせる』という言葉とその操作の仕方や考え方をもっと丁寧に扱い、理解させる必要がある。数学的にいえば数の合成・分解であるが、これらがスムーズにできるかどうかで、計算能力は特段に速くなったり遅くなったりするのである。

　先日ある小学校へ訪問した時、１年生が「かずの計算」をしていた。ある子は一桁の数の足し算もやっとで、手足の指を駆使して計算している、というより数えているのに出会った。そこで、僕がその子に、
　「足して５になる数字は何と何がある？」
と言って、「１と何？」と指も見せながら問うと、最初はとまどいながらもたもたと答えていたが、要領を飲み込むと次第に速く答えだした。

そして次に与えた課題は、数えるのではなく「覚える」という視点であった。1と言ったら4、2と言ったら3、などが瞬時に言えるようにと指示した。すると見事に反応してくれるのであった。

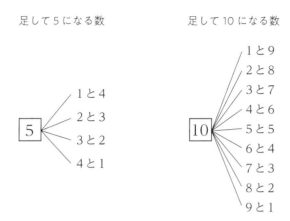

次に、足して10になる数について取り組んだ。するとどうだろう、計算の速さと正確さが格段に上がってくるのであった。この速くできるという実感は、教える僕より本人の方が強く感じたようであった。

7、8などの5より大きい数については5と2、5と3などと5を基にした合成・分解をさせれば、もっと計算の勘所がつかめるはずである。

1回1回指を折り数えないとできない足し算や引き算のやり方から子どもたちを早く脱却させるには、暗記するという視点を子どもたちに持たせることが必要である。それには数の合成・分解の考え方を理解させ、その使い方を知れば計算の正確さと速さは飛躍的に伸びるのである。

最近（平成28年）の小学校1年生の算数の教科書を見ると、これらのことがとても詳しくページを取って書いてあり感心するのだが、教師によっては分かりきったこととして丁寧さを欠いた指導がなされるきらいがある。基礎の基礎という視点でじっくりとドリルや練習を課しながら、一人ひとりの児童の状況を的確に把握して指導するとともに、その出来具合を見届けていくことが大切である。

3 足し算・引き算

　小学校で最初に学習する計算は足し算である。子どもたちは、手の指を使って数えていき必死になって答えを求める。その姿はたどたどしくほほえましくもあるが、前述のように、一桁の数の足し算や引き算はたちどころに計算ができるよう習熟しておくことが必要である。それは計算というより暗記しておくということに近い。5たす8は無意識に13と答えが出るくらいには習熟していなければならないのである。そのために、学校では計算カードを用いて子どもたちを訓練する。算数・数学は応用教科であり暗記科目ではないとする考えに捉えられがちであるが、初期の段階では地道な訓練（ドリル）が必要なのである。

　「足し算」を指で数えるという操作で切り抜けてきた子どもは、次の段階の大きな数字の計算は覚束ない。一桁の数同士の計算がスムーズにできていない子どもが、繰り上がりなどの計算の仕組みを理解することはなかなか難しい。この辺りから算数苦手、算数嫌いということになりがちである。一桁の数同士の計算は暗記するぐらい習熟して、それをすぐに活用できるようにしておかなければならない。そのためには、子どもたちに暗記ということを認識させて学習させる必要がある。

　引き算では、繰り下がりという操作が難しい。上の位から1借りてといっているが、その1は下の位では10に相当する。位を2つ下げると100に相当する。子どもたちは理解するのに必死に取り組まなければならない。教える教師も必死である。大げさに言えば、泣きたいくらいの努力が子どもにも先生にも求められるのである。

　計算機を使えばいいではないかという論もあるが、繰り上がりや繰り下がりの原理が解らないと、その後の数学の学習の発展は望めない。教育の場、特に義務教育の場では、原理など基本的なことは十分に理解させてから計算

第1章　小学校時代の算数　　39

などの技能に習熟させることが大切である。計算機は原理を理解した達人たちがその能力を駆使して創りあげたもので、計算の原理が分からずして計算機は開発できないのである。ただ、数概念がなかなか育たない、あるいは理解できない子どももいることは認知されていることで、そういう子どもの特性によって計算機やパソコンなどを利用させることは必要である。

　僕が初めて中学校の数学の教師になった時のことである。中学校２年生になっても、まだ足し算が満足にできない子ども（F君としよう）がいた。授業は文字式の利用などと、どんどん進むのだが、その子にとって文字式は言うに及ばず簡単な正・負の数の計算も満足にできなかったのである。僕は授業を進めながら、その子には簡単な数の足し算・引き算の問題を出して、計算力のアップを図ろうとしていた。

　最初は、$2+3$から始めて、次第に数を大きくしていった。二桁の数の計算も何とかできるようになった。僕はF君を褒めながら、じゃ今度は三桁の数の計算をやってみよう、ということで問題を出した。すぐにはできず、F君の鉛筆は止まったままであった。ずっとその子の側にいるわけにもいかず、他の子どもたちへの指導に行って、しばらくして戻ると答えが出ていて正解であった。それで、もう少し大きな数の問題を僕は出したのであった。何分か経った頃、ノートを見ると今度も正解であった。できるではないかと思いながらも、簡単な問題なのに、時間をかけるとできるが、すぐにできないのはなぜなのかと首をひねることとなった。

　ふと彼のノートや教科書などをみると、なにやら短い棒のようなものがたくさん書いてあるのに気づいた。初めは気にも留めなかったのであるが、問題を出すたびにノートはそういう棒らしきもので埋め尽くされるのであった。そこで、

　「この計算の答えを出すために、どんなことをしたの？」

　と問うたところ、$135+287$であれば、最初に135本の棒を書き、その次に286本の棒を書く、そしてそれを最初から数えるのだと言うではないか。その瞬間、今までの指導は無駄であったことを悟った。というより自分の指導

の欠点や甘さが露呈したといってよい。

　その子の学習状況を調べることなく、ただ計算ができないということだけで安易に指導に入り、今度は、答えが合っているというだけで、できるようになったと判断したのであった。答えが合っているかどうかではなく、その出来方というかやり方が問題であったのである。

（F君の力作）

　F君の偉さは、指が足りなくなっても、棒を書いていけば、いくら大きな数の足し算でも答えを出すことができるという発見であった。そして気の遠くなるような作業であるが、それをやり遂げる根気強さであった。まるで明治の数学者藤沢利喜太郎の「数え主義」を地で行くようなやり方であったが、F君には、計算能力がひとつも身に着かなかったのである。教師としてそのことに早く気づいてやらなければならなかった。

　1本1本描いていた棒を、せめて10まとめにして描けないかという発想を彼に与える必要があった。彼のやってきた方法を認めながら、棒は1本として、棒が10本になったら1束、その束が10束で1把とする。すると1把は100本になることなど、数を量として捉えさせる必要があった。これはまるで、位取りの記数法について最初から取り組むことと同じである（これについては後述するが、遠山啓の数教協のタイルを使った指導が有効である）。

　先の例の135+287は、

　　　1把と3束と5本　＋　2把と8束と7本

となり、それを図で示すと次ページのとおりである。

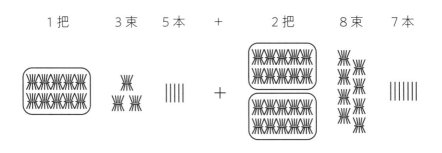

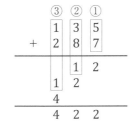

①: 一の位の計算　$5+7=12$
②: 十の位の計算　$3+8+\boxed{1}=12$
③: 百の位の計算　$1+2+\boxed{1}=4$
　　　　　　　$\boxed{1}$は繰り上がった数

図から直感的にわかることは
　3把と11束と12本
　= 3把と〈1把と1束〉と〈1束と2本〉
　= 4把と　　 2束　 と　　 2本
　=　4　　　　 2　　　　　　2

　F君に記数法や計算（特に筆算）のやり方を理解させるには相当な時間を要したのだが、F君から言われたのは「先生、僕にも早く文字式の計算を教えてよ」であった。

4　時計読み

　社会生活を営む上で大切なものに時間がある。学校生活はこの時間によって計画・運営されているのだから、子どもたちも当然にこの時間というものを意識せざるを得ないのである。だから時間を知る時計の読み方は小学校に入学したらできるだけ早めに習得させる必要がある。

　ここでしばしば問題になるのは、時計で読むのは「時間」ですか「時刻」なんですか、ということである。

　「学校の始業時間は8時です」は間違いで「学校の始業時刻は8時です」が正しい言い方です、などという言葉が飛び交うようになる。「時間とは時刻と時刻の間の長さ」で、「時刻とはその瞬間、時点を表す」ものであるなどと理屈をこねなければならないことになる。

　日常的な使い方は様々で、時間と言っても時刻のことであると解釈されるので、こう言わなければならないということでもなさそうである。もちろん、時計で示されるのは時刻であることに間違いはない。

　「とけラ、今何時か（時計は今何時か）」と外で畑仕事をしている父が聞くと、僕は家に一つしかない柱時計を見て、「みひけ針（短針）は2と3の間、なげ針（長針）は9んところ」と大声で言うと、父は「2時45分か」と言って、3時の茶のために七輪で湯を沸かすのであった。すると近所のおばさんたちが「時計を読んがないごつなったね」と褒めてくださるのであった。しかし、僕は時計の読み方ができていないので恥ずかしかった。

　学校に入って、初めて時計の仕組みを習った。短い針の読み方はすぐにわ

かったが、長い針で読む「分」はなかなか難しかった。なぜ、１を指している長い針を５分と呼ばなければならないのか分からなかった。すると兄たちが「時計の12と１の間に小さな目もい（目盛）があるじゃろが。それを数えると５つ目もいがあるから、５分と言うのじゃ」と教えてくれるのだが、母が嫁入り道具で持ってきた30年は経たような煤けた、しかも柱の高いところに掛けてある古時計の目盛はほとんど見えないのであった。僕は「目もいが見えん」と言って、時計が読めないのはそのせいであるとばかりに駄々をこねるのであった。

　ある家では、時計の数字の横に５，10，15……という張り紙をして、時計の読み方を覚えさせようともしていた。慣れというのは恐ろしいもので、そうこうしているうちに時計は何とか読めるようになった。そして、長い針が一周すると60分であることや、それが１時間であることがだんだん分かってくるのであった。

　しかし、どうして、時計のてっぺんに12という数字があるのか分からなかった。ただ短い針と長い針が12で重なると消防署のモーター（サイレンのこと）がモーと鳴り、それが合図で「12時じゃ」「昼めしじゃ」ということだけは教えられなくとも、とっくに分かっていた。

　そして長い針が６を指すと「半」ということを習った。12時30分と言うより12時半の方が言いやすいし、時計がなくても時計の針の位置がイメージできる便利さがあった。

　ところが兄たちは、２時45分のことを「３時15分前」というのだと早々と教えてくれるのであった。よたよたと時計を読めるようになった僕に、「何時何分前」という読み方をせよというのは酷なことであった。学校では、子どもの発達段階を考慮して時を置いて教えてくれるのだが、家では兄たちはそういうことはお構いなしに先から先に教えて僕を泣かせるのであった。

　学年が進むと、時間の計算を習うことになった。

　「Ａ駅を午前８時30分に出発した電車はＢ駅に午前11時15分に着いた。Ａ駅からＢ駅までかかった時間を求めよ」ということになると、当然に引き算で、

11時15分－8時30分

となるのだが、15分－30分をどう計算するか迷うのであった。これまでの十進法による引き算とは勝手が違って、不足分を1時間から借りてくると60分として計算しなければならない。

この電車がC駅に午後1時50分に着くとすると、A駅からC駅までかかる時間は、

1時50分－8時30分

とは単純にならないので困った。今度は、午前とか午後とか、正午などという言葉が大切になってくるのである。午後1時は12時を1時間越した時間だから、12＋1＝13時と表すこともできるという考え方などを用いて求めることになる。

午後1時50分－午前8時30分

＝13時50分－8時30分

＝5時間20分

ここで注意したいのは（時刻）－（時刻）＝時間　になるということである。

こういう時間の計算は簡単なようで案外面倒である。僕なんかは、計算するより時計を見て指さしながら時間を勘定する方がやさしく、正確で、安心感がある。時間の目安が取りやすいからでもある。

一時期デジタル式の時計が流行ったことがあったがあまり普及せず、旧来の文字盤と針の時計が今なお重宝されている。それは、時間を視覚的に捉えやすいという利点やデザイン的にも凝ったものがつくりやすく、高級感も楽しめるからかもしれない。

昔は、腕時計の時刻が2～3分違っていても平気であったが、今は電波時計などの普及で一秒も違わない正確な時刻が示されるようになった。その分、何かにつけて忙しく感じられ、時間に追い立てられるような感覚がある。電車やバスが少しでも遅れるものならいらつき、当事者の責任を問うなどという余裕のない生活に追いこまれている。昔のようにとは言わないが、悠久の時を過ごすという感覚を持ちたいものである。

5　かけ算九九

　かけ算は小学校算数の中心的な学習内容で、それまでの足し算引き算からかけ算を学習するようになると、なんだか高級な学習をしているような気になるものであった。
　かけ算の原理は難しいものではない。
　　2+2+2=2×3
　と表し、
　　2×3=2+2+2=6
　と、かけ算の仕組みを教える。
　最初は、「一皿に２つずつリンゴがのっている皿が３個（皿）あります。リンゴは全部でいくつあるでしょう」というような問いと、絵図でもって考えさせる。

　「１あたり量のいくつ分」などという教え方など様々であるが、子どもたちの生活経験や分かりやすさなど、それぞれの状況に応じて教えたいものである。

　教え方を工夫してかけ算の仕組みや原理を理解させると、最後はかけ算九九の練習ということになる。練習が進む頃には、もうかけ算の原理などとっくに忘れてしまって、暗記に没頭するのである。暗記というより暗唱である。それはそれで必要なことである。
　僕の頃はノートの紙質が悪く、字を書くときには下敷きを使っていた。セ

ルロイドや厚紙の下敷きには、かけ算九九表が必ずといっていいくらい印刷されていたものであった。子どもたちは、九九に調子をつけて暗唱するのが常であった。2×3＝6をニサンガロクと唱え、ニシガハチ、ニゴジュウ、と続けていった。日本語は短縮しても意味が通じることから語呂がよく、調子をつけて覚えやすいのである。

　かけ算を習う頃になると、子どもがいる家庭では九九を唱える声があちこちから聞こえてくるのであった。昔の親たちは、そういう子どもたちのかけ算九九や読み声を夕食後などによく聞いてくれたものであった。親たちにしても小学校卒業で終わった人がおり、勉強がことさらできたわけではなかったが、読み方や九九などは商売や生活に必要なものとして徹底して叩き込まれ覚えてきたのである。子どもがスムーズに九九を唱えると我が子は天才ではないかとうれしくなり、時々子どもの九九が止まると「○○だ」と言いながら親の見識を示すことができるので、これもまたうれしいことのようであった。まるで親のためのかけ算九九である。

　我が家の娘がかけ算を習いたての頃、娘を車に乗せてドライブしている時など、対向車のナンバーの上二桁の数をかけ算して答えを言わせるゲームをしていたことがあった。すれ違う車が少ないときは何とか答えを言えていたが、車が込んでくると次々にかけ算して答えを言わなければならず、娘は疲れ果ててしまって、「もう、お父さんの車には乗らない」と言われてしまったことがあった。かけ算九九は覚えて咄嗟に答えが出るようにしておくことが大切である。

　かけ算九九表には、1の段があるものとないものがあった。1を掛けるということは結果が自明であるということかもしれなかったが、1がないと九九の表ではない。しかし、1の段があってもそれを唱える者はほとんどいなかった。

　かけ算九九の表を観察すると、

　1×1、2×2、3×3、4×4……同数のかけ算は表の対角線上に並び、その対角線で折ると数値が同じになるという対称性を持っていることに気づく。このことは、

$$a \times b = b \times a$$

という交換法則が成り立つことを意味する。

今でも3×7はすぐに答えられるのだが、大きい数が前に来る7×3になると咄嗟に答えられず、3×7にして21と計算していることが多い。

かけ算九九表は9×9＝81個のかけ算を唱えることになる。対称性ということから考えると、その半分45個のかけ算を覚えれば済むということになるのだが、全部覚えるにこしたことはない。この九九表で暗記したことは、その後二桁以上のかけ算の計算でも応用がきくのであるから素晴らしいものである。（二桁の数）×（一桁の数）、（二桁の数）×（二桁の数）の方法を三桁同士の掛け算まで応用していけるように指導すれば、後は何桁の掛け算がこようとも同じ方法で求めることができる。

ところが、インドあたりでは、九九では物足りない、20×20くらいまでのかけ算表は暗記すべきだといって、実際に行われているらしい。19×19などの計算結果も暗記することになる。もっと上がいて、九九どころか百×百まで表にして覚えるという強者もいるらしい。これができると確かに計算は格段に速くなる。そういうことが、今日のインドのコンピュータ業界の繁栄につながっているともいわれている。しかし、九九で十分であることは前述のとおりである。

かけ算についていえば、桁数の多い計算や複雑なものは計算機を使えばよいと思っている。かけ算の原理を理解し、九九の暗記と筆算である程度のかけ算ができれば、後は計算機に任せた方が時間の節約になる。最近の電卓は瞬時にして正しい答えを出してくれる。

三十数年も前だろうか、家の窓に網戸を作ることになった。今なら既製品がたくさんあるのだが、その頃は木を買ってきて枠を作り、網を張るという手作業であった。

近くのスーパーに網を買いに行ったら、若い女店員さんが愛想よく迎えてくれた。網は「量り売り」になっていたので網戸2つ分4mを買うことにした。彼女は1メートル物差しを使って4mを測り、手際よく網を切ってくれ

た。そして、値段を紙に書いてレジに持って行けという。紙を見ると20円と書いてある。いくらなんでも安すぎると思ったので、

　「あのー、いくらですか」

と問うと、

　「網は1メートル50円です。4メートルですから、ゴシ20円です」

　「あの、20円でよろしいのでしょうか」

　「はい、20円ですよ」

とオマケをしてくれた様子でもなく、自信たっぷりで愛想がいいのであった。間違いではない、20円なのだと僕は納得した。レジにいくと、

　「20円と書いてありますが、0を1個落とされたようです」

と言って、200円を払った。あの愛想のいい店員さんに間違いを指摘するなんてとてもできないことであった。しかし、やはり間違いを教えてやった方が良かったのかなあと、今でも時々思い出しては悩む。

6 わり算

　わり算はかけ算の逆の操作だから、かけ算ができれば簡単なようなのだが、子どもたちにとっては難しい計算である。

　　（割られる数）÷（割る数）＝答え（商という）　$a \div b = c$
　　（割られる数）＝（割る数）×商　　　　　　　　$a = b \times c$

　となるのだが、わり算では、答えをある程度予想して、割る数とかけ算してみて、割られる数になるか確かめるだけなのだが、これが一筋縄ではいかない。試行錯誤しながら答えを見つけていけばよいのだが、この答えを予想するということや試行錯誤をするという面倒くささなど手間がかかることから、わり算は難しいという思い込みを子どもたちに与えてしまうことになる。九九の表の範囲にある数のわり算は比較的やさしいのだが、二桁の数で割るという計算になると、急に難しくなるのである。

　それに、「余り」という概念も大切になってくる。「余り」と「割る数」の大小を比較することの必要性に気づくことなど、わり算にはいろいろな約束事が生まれてくる。このあたりの学習になると勘に冴えのある者とそうでない者との差がだんだんと見えてくる。

割り算は試行錯誤を恐れない

　僕の娘もわり算に難渋していた。学校では居残りされて練習させられるのだが、なかなかできない。いつもは勉強のことで僕に近寄らない娘が、意を決したように僕の所に来てわり算を教えてくれと言う。

　娘に教えたことは、「答えの予想の仕方」と「試行錯誤をして答えを導き出す」ということであった。予想は（割られる数）も（割る数）もおよその数に直して答えの見当をつけてみるとよい。

例えば、54÷18はおよその数50÷20にして答えを予想すると、2か3ではないかと見当できる。答えを2とする見当をつけると、18×2＝36だから54－36＝18となる。するともう1個18が入っていることになるから、答えは3ではないかと見当できる。確かめてみると、

　18×3＝54　となり、答えは3となる。

　などと教えたのだが、娘は何故か納得しないものを感じているようだった。

　そこで、娘に一番強調したのは、試行錯誤することの抵抗感をなくすことであった。

　娘は、試行錯誤をすることは悪いことであるという錯覚に陥っていたのである。確かに、授業中の先生の解き方は、試行錯誤することなく、答えの見当のつけ方も的確で、ものの見事に答えを出してしまわれるのである。子どもにとってはまるで魔法のようである。どうしてあんなに簡単に答えが出るのか分からない。どんな仕掛けがあるのだろうか、自分には分からない。できない、駄目だ、と算数が苦手な娘は思ってしまっているのであった。

　そこで、「試行錯誤をどんどんしていいから、予想した答えと割る数を掛けてごらん。割られる数字よりそれが大きくなったり小さくなったりしたら、答えを予想した数より1か2大きくしたり小さくしたりして、また割る数と掛けてごらん」などと、試行錯誤することの必要性や、試行錯誤することが恥ずかしいことでもなんでもないことなどを教えた。

　するとどうだろうか、最初はよたよたとやっていた娘がだんだんと速く答えを導き出すようになってきた。答えの予想も次第に的確になってくるのであった。試行錯誤をすることは算数ができない証であるという呪縛から解き放たれた娘は、見違えるようにわり算ができるようになったのである。

　翌日、娘に今日の授業はどうだったと聞くと、

　「私がみんなの先生になって、わり算の仕方を教えたっじゃが」

　と、少し自慢げに話してくれるのであった。昨日までとは打って変わって自信に満ちていた。

算数・数学はちょっとしたきっかけややり方でできたり、できなかったりするものである。自分は算数が苦手という決めつけはせずに、あれやこれやと試行錯誤してみるのがよい。スムーズにできるようになるのはこのような試行錯誤を経てからのことなのである。

わり算は、答えの導き方の難しさだけでなく、割り切れないときの答えの考え方や余りの考え方などで、次々と難題が降りかかってくる。これが整数の範囲ならまだ理解しやすいのだが、小数の範囲のわり算になると「余りの概念」などがさらに複雑化する。念には念を入れて指導していくことが大切である。それにはまず、整数範囲のわり算の考え方や計算に習熟させることである。

もう一つ、指導者として持っておきたいことは等分除と包含除という認識である。

　　　12mのひもを３等分する　　12m÷3＝4m

は等分除（名数÷無名数＝名数）

　　　12mのひもを４mずつに分ける　　12m÷4m＝3

は包含除　（名数÷名数＝無名数）

こういうことは直接子どもたちに教えることではないが、指導過程のどこかで子どもたちに認識させる場面が出てくることもあることから、大切にしておきたい。

ともかくも指導者は渾身の力を込めて、その時その時に機会を失することなく子どもたち一人ひとりに学習内容を理解させ、計算技能を習熟させていかなければならない。

7　分数

　分数の考え方は比較的やさしい。それは、「羊かんを半分に割りました」とか「リンゴ１個を３人で分けて食べました」など、「半分こ」したり３人で分けたりすることは日常的に行われている行為だからである。だから２分の１とか３分の１などという概念はつかみやすい。と言っても、時々落とし穴に落ち込むこともあるから注意しなければならない。
　例えば、次のような問題があったとしよう。
　２本の羊かんがあります。図のようにそれぞれの羊かんを $\frac{2}{3}$ たべました。残った羊かんはいくらか。

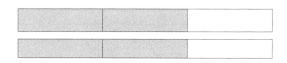

　答えは、$\frac{1}{3}$？　それとも $\frac{2}{3}$？
　全体から考えると $\frac{1}{3}$ のようでもあるし、
　羊かんの長さから考えると $\frac{2}{3}$ 本のようでもある。
　さて、どちらが正しいのか。
　これらを子どもたちに説明し理解させることは案外と難しいものである。

◎分数の足し算、引き算

　また、分数の足し算や引き算でも困難が待ち構えている。
　　$\frac{1}{3} + \frac{1}{3} = \frac{2}{3}$
　という同分母の分数の足し算は、何の疑問もなく計算できたのに、異分母の分数の計算は、

$$\frac{1}{2} + \frac{1}{3} = \frac{2}{5}$$

などと、分子も分母も足してしまう間違いを起こしてしまう。これが間違いであるという説明はそう簡単ではない。図や線分図などを描いたりして説明していくのだが、子どもたちはおいそれと分かってはくれない。

そして、通分や約分という考えを学習することになる。

$$\frac{2}{3} = \frac{6}{9} = \frac{8}{12} = \frac{10}{15} \cdots\cdots$$

等のように、表し方は違うが、全て同じ量であることを理解しなければならない。

そのうちに $\frac{5}{3}$ のような仮分数やら $1\frac{2}{3}$ のような帯分数などが出てきて複雑化してくる。一つひとつの内容を押さえながらじっくりと学習していくことが大切である。

◎分数のかけ算、わり算

整数どうしのかけ算やわり算の概念は説明しやすいのだが、分数どうしのかけ算やわり算の概念、そして計算の仕組みを理解させるのは案外と難しい。下手するとそういう概念や仕組みはどうでもよく、結果的に計算が正しくできればよいということになりかねない。

ここまでたどり着くのに、現在の小学校では6年を費やしているのである。教える先生方も、各学年で何をどのように教えてきたのかということをしっかりと把握して授業を行わなければ、論理の進め方に破綻をきたすことになる。毎年先生が変わる日本の学校では、教師が変わるごとに論理の進め方や視点が違ってしまうと児童生徒は混乱に陥ることになる。教科書の論理の進め方を基本にしながら、各教師の視点や工夫も加えながらじっくりと子どもと共に学習を進めていくことが大切である。

世間でよく話題になるのが分数のわり算である。

「分数で割るときには、割る数の分母と分子を入れ換えて掛ければよい」のだが、これはどうしてか、ということである。

僕はこのことについて、小学校の頃どう習ったのか全く記憶がない。覚え

ているのは、分子分母を入れ換えて掛ければ答えがでるというやり方だけである。今の教科書のように、丁寧に段階を踏んで説明があったようには覚えていない。もっとも、当時の先生方もしっかりと教えてくださっていたのだが、そういうことはすっかり忘れ去っているのかもしれない。記憶に残らないくらい理解が難しかったのかもしれない。

　「分数で割る」ことの計算の仕方は案外簡単な説明で済むのだが、相手に分かるように説明するのは相手方の知識や能力にも差があって、なかなか納得してもらえないということである。説明を尽くしても人によっては、だまされたような怪訝な顔つきをしている方もいる。

　短期大学の初等教育科の学生への算数教育という講義の中で、このことを説明したことがあったが、学生の反応は今ひとつであった。計算法が正しく使えればよいものを、何で今さら分かるようで分からない説明をくどくどと受けなければならないのか、という顔の学生が多かった。

　そういうことは知らなくても、計算が正確にできて、数学が得意という学生は案外多い。なまじ疑問を持ったばかりに訳が分からなくなり、数学嫌いになったりする者もいる。世間では計算が正しくできれば困ることはない。なぜこうなるのかという理屈よりやり方を覚えることの方が有利ということかもしれない。

　「疑問を持つことは大切なことだ」と教育の場ではよく聞かれる言葉であるが、疑問が解決せずいつまでもそこにとどまって先に進めない生徒がいるのも事実である。どこかでけりをつけさせるのも、一つの指導かもしれない。

第 1 章　小学校時代の算数　55

◎分数のわり算ではどうして割る分数の分母と分子を入れ換えて掛ければよいのか

[説明例]

基本的な考え方

A÷B の割る数、割られる数に同じ数をかけても A÷B の値は変わらないということを使う

$\dfrac{b}{a} \div \dfrac{y}{x}$ に ax を次のようにかける

$= \left(\dfrac{b}{a} \times ax\right) \div \left(\dfrac{y}{x} \times ax\right)$

$= (bx) \div (ay)$

$= \dfrac{bx}{ay}$

$= \dfrac{b \times x}{a \times y}$

$= \dfrac{b}{a} \times \dfrac{x}{y}$

基本的な考え方

左の考え方で、割る数を 1 にする

$\dfrac{b}{a} \div \dfrac{y}{x}$ に $\dfrac{x}{y}$ を次のようにかける

$= \left(\dfrac{b}{a} \times \dfrac{x}{y}\right) \div \left(\dfrac{y}{x} \times \dfrac{x}{y}\right)$

$= \left(\dfrac{b}{a} \times \dfrac{x}{y}\right) \div 1$

$= \dfrac{b}{a} \times \dfrac{x}{y}$

(注)小学校では文字のかわりに具体的な数を使って説明している。

$A \div B = \dfrac{A}{B} = \dfrac{A \times C}{B \times C}$ という性質を利用する

$\dfrac{b}{a} \div \dfrac{y}{x} = \dfrac{\dfrac{b}{a}}{\dfrac{y}{x}}$ 分母分子に ax をかける

$= \dfrac{\dfrac{b}{a} \times ax}{\dfrac{y}{x} \times ax}$

$= \dfrac{bx}{ay}$

$= \dfrac{b}{a} \times \dfrac{x}{y}$

8 割合 (歩合と百分率)

「ロクヨンにしてください」「私はゴーゴー」と言うと、「水ですか、お湯割りですか」とくる。これは焼酎の水割りやお湯割りの比を指しているのだが、僕が小さい頃は「半・半」とか「7・3」と言えば、ご飯の米と麦の割合であった。米5に麦5というご飯を日常的に食べていたことになる。僕の家などでは7・3も珍しくなかった。これは米が7ではなく、米3に麦7、その上にカラ芋などを混ぜて食べていたのである。

この半・半を学校で5：5と表すことを教わった。そして5：5＝1：1＝2：2＝……など、等しい比がたくさんあることも知った。なぜか焼酎のお湯割りのときには、1：1より5：5の方が捉えやすいし、米と麦のご飯では半・半の方が生活言葉として腑に落ちやすい。

比の学習が進むと、次に「歩合」なるものを習った。昭和20年代、30年代の生活には大安売りや月賦販売が多く、2割引きとか利息5分などという言葉が出回っていたから、違和感はなかったが、その概念の理解はあまりなかった。

その頃は生活に根ざした教育がなされていたので、原価とか仕入れ値、利率、定価、売値、利益等々、やたらと商売に関する用語が多く、子どもたちは混乱した。つけ加えておくと、昭和20年代から30年代にかけての教育は「生活単元学習」といわれ、子どもたちの生活や経験を基にした教材が仕組まれていた。生活や経験に根ざすということはいいことなのだが、算数・数学教育では系統性がなく、断片的で発展性が望めず、学力もつかない、などという批判があった。この頃の教育を「這い回る経験主義」と揶揄されたこともあったのである。

歩合は全体を１とみなして考え、１を10割とし、その10分の１すなわち0.1を１割とし、その10分の１（0.01）を１分とし、順次、厘・毛という単位が出てくるのだが、子どもたちには全体を１と考えるということ自体に抵抗感があった。全体が10割ならば全体を10として考えていいのではないかと頭の中は混乱した。教科書には、

　　割合＝比べる量÷もとにする量
　　比べる量＝もとにする量×割合

などと公式が示されてはいるのだが、例えば２割という割合は計算するとき２なのか、0.2なのか悩むのであった。

　　定価150円の品物を２割引きで売ると売値はいくらか

という単純な問題でも、掛けるのか割るのか、引くのかなどと、鉛筆は止まりがちになる。
　ようやく歩合の勉強が終わってホッとした頃に、今度は全体を100と考える百分率なるものが現れる。0.1が１割ということに慣れたか慣れないうちに、今度は0.01を１％とする考え方である。子どもたちの頭はさらに混乱し、歩合と％の整合性や折り合いをつける思考の葛藤が始まるのであった。

　　あるクラスの男子は a 人、女子は b 人です。男子の占める割合は何％か

　全体の数の中の男子の数ということから、
　全体の数は（$a+b$）人。男子は b 人だから、
　　男子の割合は　$b \div (a+b)$
と表される。この値は当然１以下の少数となるので0.01を基準に％として読みかえればいいのだが、公式的には上の式の値に100をかけて単位を％にするのである。

　　$\dfrac{a}{a+b} \times 100$（％）

　先生はこのあたりのことを必死になって教えてくださるのだが、子どもたちにとっては分かるようで分からない。消化不良を起こすことが多い。掛け

るのか、割るのか、子どもたちは根拠を見出せないで迷うのである。

百分率（％）は全体を百で割ったときのいくつ分と考えておけば、案外やさしい。

「150ｇの５％は何ｇか」などという問題は、

全体の150グラムを100で割った５つ分として、

$$\frac{150}{100} \times 5 = 7.5 \qquad 答 \quad 7.5\,g$$

「ある学級の男子は12人で、学級全体の40％にあたる。学級の人数は何人か」などという問題でも、

全体をＸとおき、全体を100で割ったときの40が12人とすると、

$$\frac{X}{100} \times 40 = 12$$

だから、

$$X = 12 \times 100 \div 40 = 30 \qquad 答 \quad 30人$$

このように、百分率の求め方の基本に戻って考えれば関係性がたやすくつかめる。逆算的思考で求めていく小学校でも、基本の式に立ち返って考えていくということが大切である。中学校になり方程式を学習すると百分率の問題も比較的やさしく求められる。もっとも、中学生でもこの割合の問題は苦手な生徒も多く、特に食塩水などの濃度問題は理解させるのに苦労する。

僕が小学校の頃は、割合の学習は大人の生活に必要とする学習であったが、消費税８％の中で生活している現在の子どもたちは日常的に体験していることで、百分率の学習は案外さらりと学習をしているようである。しかし、理解は必ずしも十分でなく、テストなどの通過率は高くない。

◎ 現在の割合の使われ方

世の中が発達し、人口の増加や経済的な発展で大きな数字が使われ出すと、細かな比較をするためには百分率では少数以下の数字が必要になり、できるだけ整数化した数を使いたいということから、千分率や万分率などが使われるようになった。パーミルやパーミリアドなどがそれである。原理的に

は百分率と同じであるから心配する必要はない。しかし、世の中にはこういう単位や知識をやたらと吹聴して得意がっている人もいるから、その単位はどういう原理での数なのかということを尋ねるとよい。

　最近は、警察の犯罪率調査などでは、各市町村の人口を10万人としてその年の犯罪事件発生数を比較しているようである。50万人都市で年間100件起きた犯罪は10万人に直すと20件になる。1万人の村で2件起きた犯罪も20件となる。この都市と村のどちらに住むのが安心なのか判断がつきにくい。

　都市部の年間100件は大体3日から4日に1件の割合で犯罪が起きる計算になり、村の2件は180日に1件の発生ということになる。人口比で考えるのか、年間の発生件数で比べるのか、何をもって安全性を比較すればよいのか、その視点を考えながら比較検討すべきであろう。

　文科省が行う全国学力学習状況調査でも、問題数で正答数を割った比率（正答率）を点数化し、各県の平均点数もそれによって出されている。各県のその差異は大きくないのだが、それでもって順位をつけていくと1位から47位という大きな差になって表れるから要注意である。

　比較をするときには、何が本質なのかということを熟慮しなければならない。

9　速さ

　速さは、ある長さ（道のり・距離）を行くのにかかった時間との関係で表され、小学校では、

　　速さ＝道のり÷時間　……①

という公式で示される。時間の単位が時であれば時速、分であれば分速、秒であれば秒速といわれ、「○○km／時」「□□m／分」「△△cm／秒」などと表示される。この公式を使ういろいろな問題が出された後、今度は道のりを求めよということになって、

　　道のり＝速さ×時間　……②

という式が示される。そして、ある道のりを行くのにかかる時間を求めることになると、

　　時間＝道のり÷速さ　……③

という式が示される。

　これらの式を、子どもたちはとかく別々なものとして覚えようとして混乱していることが多い。先生が、

　「道のりを求める式は何か」とか「時間を求める式を使え」とか言って急かされると、子どもたちはあたふたとして答えられなくなる。それよりも、

　「速さと時間と道のりの関係を表す式にはどんなものがありますか」

と質問を変えてみると、①か②か③のどれかの公式が浮かび上がり、その式に具体的な数を入れていけば、求めたい答えはきちんと出てくるのである。

　A、B、Cという数の間に　　A×B＝C　という関係があれば、

$$A = \frac{C}{B} \qquad B = \frac{C}{A}$$

という関係が自ずと導き出される。こういう式の変形は中学校の学習であるという考えもあるが、小学校でも具体的な例を出して考えさせると容易に

第1章　小学校時代の算数　　61

理解し、そして自在に使いこなすようになるのである。例えば、

　　長方形の面積では　縦×横＝面積

　だから、

　　縦＝面積÷横　　　横＝面積÷縦

　などのように、ことさら公式としなくても一つの関係式からいろいろと導き出されるのである。

　速さの概念で厄介なのは、時々の速さ（瞬間の速さ）と平均の速さ（等速）があることである。車に乗っていると速度メーター針の示す値は刻々違うことに気づく。これが、その時々の速さ、その瞬間の速さになっている。これに対して、120km離れた所を2時間で行けたとすると、この時の速さは120÷2＝60と計算され、1時間に60kmの速さで進んだということになる。これが平均の速さである。

　この平均の速さは、障害物もない真っすぐの120kmの平坦な道を進んだようなときの速さということになる。しかし現実的には120kmの道を行く間には、急な坂道や曲がりくねった道、そして制限速度40kmの区間もあり、信号で止まることもある。だから、速度メーターには様々な速さが示されたに違いない。しかし、ここを2時間で行ったとすれば平均時速60kmの速さで進んだということになるのである。一般道路で時速60kmを維持して走ることは実際には不可能に近い。

　「時速75kmも出していた」と言われて警察に速度違反で捕まった人が、「私は車を運転してからたった10分も走っていないのに、どうして時速75kmを出していたと言えるのか」と反論したという笑い話もある。

　速さは時間との関係が絡むので、表記や計算が子どもたちには厄介である。時速を分速に直したり秒速に直したりするのも案外と抵抗のある計算である。それは、時間が10進法的な数字になっていないから起こることである。1日は24時間、1時間は60分、1分は60秒と複雑である。だから、60を掛けたり、60で割ったりする計算が必要である。また1.2時間などと小数表記がなされたときは要注意で、1.2時間は1時間20分ではないからである。

1.2 時間 $= 1$ 時間 $+0.2$ 時間 $= 1$ 時間 $+0.2 \times 60$ 分 $= 1$ 時間 12 分　または、
　　　　 $= 1.2 \times 60$ 分 $=72$ 分

というような換算もしなければならない。

　80km 離れた所に行くのに 1 時間 20 分かかったとき、この時の速さを求めるには、まず時速にするか、分速にするか、方針を立てる必要がある。

　　時速にするには　 1 時間 20 分 $= 1 + \dfrac{20}{60} = 1 + \dfrac{1}{3} = \dfrac{4}{3}$ 時間

　　　　　　　　 80km $\div \dfrac{4}{3}$ 時間 $= 60$km ／時　　答　時速 60km

　　分速で求めるには　 1 時間 20 分 $= 1 \times 60 + 20 = 80$ 分

　　　　　　　　 80km $\div 80$ 分 $= 1$ km ／分　　　　答　分速 1 km

となる。答えが出しやすいようなやり方で求め、その結果を時速に直したり分速に直したりすることもできる。順を踏んでいけばできるので、子どもたちには特に数字についている単位に留意して解決するよう指導していくことが大切である。

　ところで、最近では陸上 100 メートル競走では、 9 秒 75 などという表記で記録されている。 1 秒以下の 75 という数字は 100 分の 75 秒ということらしい。 1 秒以下の時間は 60 進法とは関係のない数字で、単位をつけない。

　それにしても、人間が 100m を 10 秒前後で走るとは驚異な出来事である。実に秒速 10m という、あっという間の出来事である。その間の速さは、一人の走者に限ってもスタート時、中間地点、ゴール前などで刻々と違っていると感じられる。前半に強い走者、後半に強い走者など世界の 100m 走は見ているだけでも楽しい。

　高校生になって、物理を学習するようになるとさらに速さの概念は難しくなる。速さに方向を考えた速度や瞬間の速度などの概念が入り、等速度運動とか加速度というものも出てくる。加速度は車のアクセルやブレーキによってスピードが増したり減ったりする現象で実感できるのだが、それを数的（量的）に表すには微分や積分の考え方が不可欠になる。

10 面積 (台形までの面積の求め方)

　小学校の頃、学校で初めて折り紙用の紙をもらった時、真四角な形に驚いたものであった。日常の生活にはちり紙をはじめ本や新聞など、長四角に満ち満ちていたので、僕には真四角は何か神秘的で憧れさえ感じていた。子どもたちが折る鶴や兜などの折り紙は真四角の紙であった。
　ところが、七夕の頃の店には長四角の色紙などが売り出されることが多かった。どうしてこんな厄介な紙が売り出されるのか分からなかった。姉たちは、僕のためにその紙のふちを一方のふちに合わせて斜めに折り、残っている部分を切り落として簡単に真四角の紙を作ってくれるのであった。
　さて、面積である。いろいろな形の中から、どんな形の面積を最初に求めるのが面積の概念を作るのに役立つのか、そしてその形の面積の求め方を基にして、他の形の面積はどのようにして求めていけるのかという道筋が大切になるのである。
　小学校では大方、次のような過程を踏んで面積を求めていく。

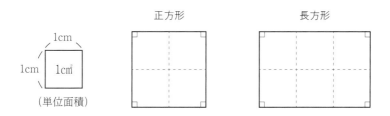

　1辺1cmの真四角（正方形）の広さ（面積）を1平方センチメートルといい、これを一つの単位の面積とし、その単位面積がいくつ入っているかを求め、その個数をその図形の面積とするのである。
　単位面積がきちんと入り込めるものとして、最初に考えられるのは方形と

呼ばれる4つの角がすべて90度の四角形、すなわち**長方形**や**正方形の面積**である。

　　長方形の面積＝（縦の長さ）×（横の長さ）

で求められる。このことは方眼紙などを使うと分かりやすい。
正方形の面積も縦×横でいいのだが、同じ長さなので縦横の区別をせずに、

　　正方形の面積＝（1辺の長さ）×（1辺の長さ）

と公式化する。

　これを基にして、次は　平行四辺形の面積　を求めることになる。
　平行四辺形は「2組の向かい合う辺が平行な四角形」ということから、いろいろな性質が見つかる。例えば「向かい合う辺の長さは等しい」とか「向かい合う角の大きさは等しい」など、子どもたちにとっても興味深い図形である。
　さて、面積の求め方だが、小学校では面積を変えず形を変えるという等積変形の手法で考えさせる。平行四辺形を等積変形して長方形にして考えるのである。
　小学校の平行四辺形の面積の求め方の学習では、ハサミが活躍する。切り取った部分を様々にくっつけることにより、面積を変えずに平行四辺形を長方形に変形するのである。子どもたちのアイディアが光るところである。
　現在の教科書には、下図のような等積変形の例が出されている。

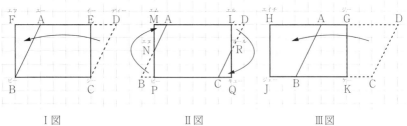

　　　Ⅰ図　　　　　　　　Ⅱ図　　　　　　　　Ⅲ図

だから、
　平行四辺形の面積＝底辺×高さ
平行四辺形の面積の出し方で、大切な考え方は高さの概念である。

　平行な２つの直線間の幅（距離）がどこをとっても一定である

という性質を知ることである。その幅（距離）が実は高さになるわけである。

　現在の教科書のこういった図などは、僕の頃の教科書とは雲泥の差があり、至れり尽くせりの観がある。ただ、こういう図の提示が過ぎると子どもたちの独創的なアイディアを生む力がついてこないのではないかという心配も出てくる。中には、なぜそういうような切り方ができるのか、どういう平行四辺形でも可能なのかなど、証明が欲しいものもある。小学校では直観的技能を養い、厳密な証明は中学校になってすればよいのであろうが、「なぜ？」という疑問を持たせることは大切なのである。

　下図において、

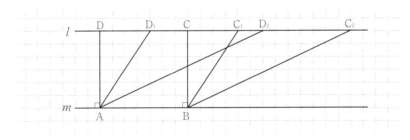

　　$l /\!/ m$ で $AB = CD = C_1D_1 = C_2D_2$ とする
　　四角形 ABCD　四角形 ABC_1D_1　四角形 ABC_2D_2 で
　　面積の一番大きなものはどれか。
　　その理由を述べなさい。

というような問題を考えさせることもよいであろう。

そして、次に 三角形の面積 を求めることになる。

三角形の面積は、その三角形を囲む長方形か平行四辺形を描き、三角形の面積がその長方形の半分であることに直感的に気づかせるのである。教科書には次のような例が載せてある。

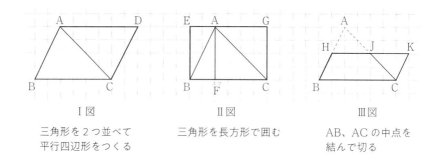

Ⅰ図　三角形を2つ並べて平行四辺形をつくる

Ⅱ図　三角形を長方形で囲む

Ⅲ図　AB、ACの中点を結んで切る

そして、これらから、

　　三角形の面積＝底辺×高さ÷2

という式を導き出すのだが、三角形には縦や横というものがないので平行四辺形と同じように、底辺と高さという概念が必要になってくる。ある頂点からその対辺に垂線を下ろしたときのその垂線の長さを高さといい、対辺を底辺という概念で捉えなおさなければならない。三角形だから頂点は3個、その頂点のそれぞれに対辺いわゆる底辺があることになる。三角形のどの辺を底辺とするかによって、面積を求めるための図がやさしくなったり難しくなったりする。

鈍角三角形の面積を求めるときも同じ公式が使われるのだが、頂点から下した垂線が底辺上に来ないこともあり、子どもたちには公式を使うことをためらう傾向があるようである。

高さとなる垂線が底辺の延長線上にある場合

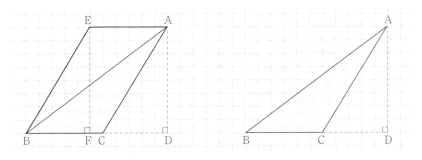

三角形を図のように2つ並べて　　図のように直角三角形をつくり
平行四辺形をつくる　　　　　　　△ABD−△ACD

　三角形の面積の求め方が分かると、ほとんどの多角形の面積は求めることができるようになる。どんな多角形でも三角形に分解できるから、基本的にはその一つひとつの三角形の面積の和を求めればよいのである。

　そして、次は 台形の面積の求め方 である。
　基本的には、四角形は対角線を一本引けば二つの三角形に分けることができるので、その二つの三角形の面積の和を求めればよい。

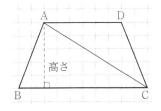

台形 ABCD
=△ABC+△CDA
=(BC×高さ)÷2+(AD×高さ)÷2
=(BC+AD)×高さ÷2

　だが、台形という形の特性を生かした面積の求め方はいろいろ考えられ、公式にする過程が面白い。ある時の学習指導要領改訂で、この台形の面積の公式が小学校から削除され、論争を引き起こしたことがあった。子どもたち全員に満点（分からせよう・できるようにさせよう）を取らせるためには、教科内容を精選すべきだとの意見が強く、円周率は3.14だが、3として計算して

もよいとか喧伝され、世論も盛り上がった時のことである。台形の面積の求め方も理解の進んでいる子どもたちには教えてもよいが、全員の必修とはしないということになった。

確かに、台形の面積の求め方を学習する授業は時間が少しかかるが、式を導き出すまでの手順は豊富にあり、子どもたちの多様な工夫や思考を養うのにもってこいの教材である。少々困難であっても、子どもたちに課す値打ちのある教材である。

問題は、公式として暗記させることを重視するのか、公式を導くための手法や思考法など過程を重視するのかということであろう。それはひとえに教師の指導にかかっている。

台形は「一組の向かい合う辺が平行な四角形」なので、この平行という性質から面白い性質が発見されるのである。

補助線の引き方（ハサミの入れ方）方で様々な等積変形ができるので、子ど

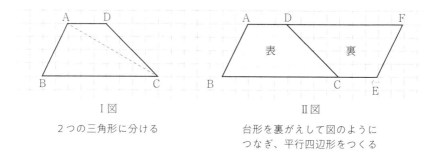

Ⅰ図
2つの三角形に分ける

Ⅱ図
台形を裏がえして図のようにつなぎ、平行四辺形をつくる

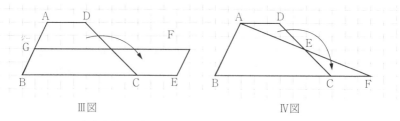

Ⅲ図
AB、CDの中点を結んで切る

Ⅳ図
CDの中点とAを結んで切る

もたちの興味は尽きない。という授業を構成するのが教師の腕のみせどころなのである。子どもは自分のアイディアや気づいたことを誇ることもできるし、友達のアイディアの素晴らしさに驚き、拍手喝采ということも起こり得るのである。そして、公式として、

$$台形の面積 = \frac{(上底 + 下底) \times 高さ}{2}$$

を導き出す。そういう苦労をして導き出した公式だからこそ、感動が生まれるのである。現在の教科書にはそれらの例が事細かく掲載されており、ある面、興ざめである。下手すると、教師がそれを解説して終わりということも可能だからである。教師はそういう教科書を使いながらも、できるだけ子どもたち自身に考えさせ、発見したり気づいたりする場や時間を設け、問題解決力を育てていく指導法を工夫してほしい。

この公式は、中学校になるとさらに幾何学的な性質を使って様々な考察ができて興味が尽きない。例えば、

$$\frac{(上底 + 下底)}{2}$$

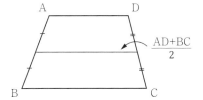

は台形という図形の中でどういう意味を持ち、台形のどこに現れる長さなのか等々、証明することも含め、学習が進めば進むほど多様な見方や考え方ができるようになるのである。

台形の面積の公式から三角形の面積を求めることもできるのである。三角形は上底の長さが0の台形であると考えると、

$$\frac{(0 + 下底) \times 高さ}{2}$$

となり、これは $\frac{底辺 \times 高さ}{2}$ という三角形の面積の公式そのものになる。

ものの見方や捉え方を柔軟にすれば、公式の応用は大きく広がるということを、子どもたちにも知ってもらいたいものである。

11　円周率と円の面積

　円周率の値を3として計算してもよいという改訂が学習指導要領にあったことは前項でふれたが、多くの方々が「俺たちのころは『円周率は3.14』と習った。3とは何事だ。学力低下も甚だしい」と言われるのを聞くと、円周率は日本国民には定着している知識だということが逆に分かってうれしかった。

　さて、円周率とは簡単に言えば、

　　円の周の長さはその円の直径の何倍にあたるか

ということである。

　小学校では、いくつかの実際の円を使って直線上を1回転させ長さを測り、円周は直径に比例するらしい。そして、円周は直径のおおよそ3.13から3.15倍くらいの値が出てくるということに気づかせるのである。この値を円周率と言って、約3.14になるということを押さえる。

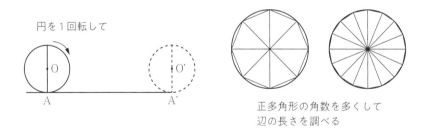

正多角形の角数を多くして
辺の長さを調べる

$$円周率 = \frac{円周}{直径}$$

円周の長さ＝直径×円周率＝直径×3.14＝（半径×2）×3.14

などの公式を学習する（これらは、円周率は直径と円周との関係から必然的に求められる）。

そして、中学校になると円周率3.14は近似値であり、本当は3.141592……
……と小数以下が永久に続く数になるということを教わるのであった。そして
円周率はπと表すことになった。小学校で、円の面積を3.14を使って求め
る小数計算で悩まされていたものが、πという文字を使うとによって計
算が簡単になり、このπとはとても便利な文字であると感じられた。

ところで、そんな永久に続く円周率はどのようにして求められるのかとい
う興味や関心が少し芽生えて図書館の本などで調べたことがあった。ピタゴ
ラスの定理なるものを駆使するようだ……となると、中学1年では何のこと
か分からず気後れしてしまった。それより、πをいついつ誰々が小数何桁ま
で計算したとか、小数第何位で間違ってしまったとかいう数学史上の円周率
計算競争の物語に熱中するようになった。

円周率についての物語はたくさんあり、出版物も多い。ペートル・ベック
マン著『πの歴史』には、古今東西の学者たちが円周率を求める方法をたく
さん紹介している。まえがきには、

「πの歴史は、人類の歴史をうつしだす小さな鏡である。それはシラク
スのアルキメデスの物語でもあれば、現代のコンピュータの物語でもあ
り、……」

とπの壮大な歴史的意味を叙述している。

もう一つ、僕の手元には『円周率を計算した男』という小説がある。これ
は、和算の名手関孝和（1642？－1708）の周辺で建部賢弘（1644－1739）が
円周率を求める苦労を描いた物語である。円に内接する正多角形を基に円周
の長さを近似値的に求めようとするもので、その角数たるや100をも超す正
多角形の計算をしているのである。計算機もない時代、彼らは何を使って計
算していたのだろうか、とその粘り強さに感心する。こういう知的競争に日
本人も江戸の昔から鎬を削ってきたことを知ると誇らしくなるのであった。

最近では、コンピュータの性能を示す一つの証として円周率を求める計算
の速さを競っているようである。現在のスーパーコンピュータなるものは、
数秒で何万桁という円周率を求めることができるという。この競争は企業に
とどまらず各国が国を挙げて取り組んでおり、コンピュータ開発は熾烈を極

めているらしい。かつて民主党政権の事業仕分けで、ある大臣が「2位じゃだめなんですか」と言って予算を削るような方向を示し、学界などから批判を受けたことがあったが、円周率はこういうところでも顔を出すから面白い。

πについてはその後研究が進み、円などの図形の問題に限らず、確率統計や現代の数学のあらゆる分野で活用される非常に有用な数の一つになっている。

πの小数の数列の中の何億番目かには、あなたの誕生日の年・月・日の数を連続して並べた数列が必ず入っているという。それをもって「πはあなたの誕生日を予言している神秘な数」などと話す人もいる。そしてインターネットなどで、あなたの生年月日は円周率の小数何桁目に表れるということを知らせてくれるサービスもあるから、面白いものである。

円の面積は円周率を使って求められる

円の面積を求める方円の面積は、下図のようにたくさんの直径によって円を分割し、それをⅡ図のように重ねると長方形(平行四辺形)とみなすことができる。

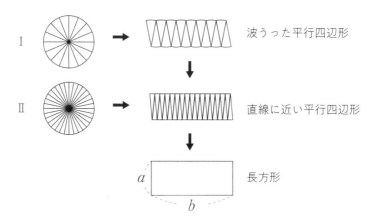

この長方形は辺の長さが、a は円の半径に等しく、b は円周の半分に等しくなっていることから、

円の面積＝半径×（直径×3.14÷2）＝半径×半径×3.14
という公式が生まれる。

　ここで大切なのは円の周という曲線を細分して並べると長方形の一辺という直線になるといった感覚を子どもたちに納得させることである。
　中学校でも改めて円の面積を取り扱う。中学生は文字式などを使ってより簡単に説明できるのだが、円を細かく分割して説明するやり方は小学校と同じである。細分化した円周の一部を直線と見做(みな)すという説明が僕にはなかなか上手くできず、生徒に理解を押し付けているようで、ちょっとした良心の呵責(かしゃく)を感ずることがあった。
　気をつけたいのは、下図のような半円Oにおいて、直径の半分AOとBOを直径とする半円を図Ⅰのように書くと、この二つの弧の和は元の半円Oの弧と等しくなる。この考えを続けていくと、図Ⅱのように円はだんだん小さくなり、直径ABに限りなく近づいていくように見える。だから弧ABと直径ABは等しい、ということになるかねない。これは正しいのであろうか。

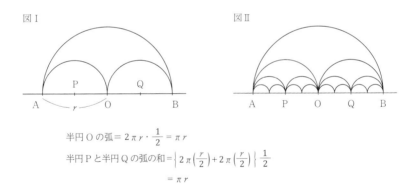

半円Oの弧 $= 2\pi r \cdot \dfrac{1}{2} = \pi r$

半円Pと半円Qの弧の和 $= \left\{ 2\pi\left(\dfrac{r}{2}\right) + 2\pi\left(\dfrac{r}{2}\right) \right\} \dfrac{1}{2}$

$\qquad\qquad\qquad\qquad = \pi r$

　小さく小さくなった半円に拡大鏡を当ててみると、そこにまた大きな半円が出現して、いつまで経っても直線になる気配はない。小さな半円は決して平ら（直線）にならないのである。
　この場合と違って、小さく刻まれた円周は直線に近づき、拡大鏡で拡大し

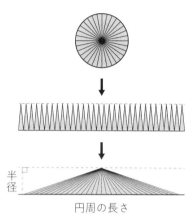

（小6の教科書から）

ても丸みが増すことはない。

　この2つの例は何が違っているのか判別する必要がある。小中学校では、感覚的にしか説明ができないことも多いのだが、その後の学習に支障をきたす誤解は払拭しておきたいものである。

　短期大学の算数の教科教育法で学生に教えた時には、小学生に教えるための教科教育法であるので、できるだけ具体物を使って子どもたちも納得できるような説明の仕方を工夫させることにした。もちろん前述のような模型を作って説明するのだが、市販のひもやぐるぐる巻きになった窓の隙間テープなどを実際に切って並べ替えると、上図のような三角形になることを実感させることも必要である。

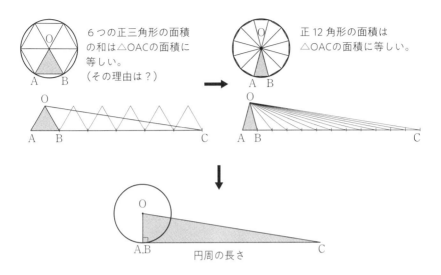

上の図の円の面積は、直角三角形 OAC の面積に等しい。

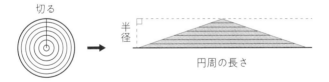

ぐるぐる巻になっている市販のスキ間テープなどを半径で切って開くと上図のような三角形になる。

12　図形の周と面積

　小学6年生時の学担は大重功先生であった。先生は子どもたちとの会話を大切にした授業をされる方で、分かりやすく子どもたちに人気があった。
　算数の時間に平行四辺形の面積について、子どもたちと論争が起こった。出だしは平行四辺形の面積の求め方であったのだが、その論議の途中で出てきた疑問が次のようなものであった。

> 2つの平行四辺形で周囲の長さが等しければ、その2つの平行四辺形の面積は等しいか

ということであった。先生は等しいと主張された。子どもの中にはそれに同調する者、反対する者、分からないという者もあった。僕は反対派に属し、論議に挑んだ。

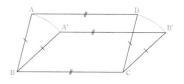

　先生は、右のような図を描かれて、等しいことを主張されるのであった。それを僕はなかなか論破できず、もやもやとした中で時間切れとなった。

　今なら、平行四辺形の面積の公式は何であったかを思い出してもらえば、たちどころに面積が違うことが分かるのにと思うのだが、その時は何やら周囲の長さと面積という関係に引きずり回されて、本質的な論議を提案することができなかった。
　その時に、僕の頭にあったのは、キャラメルの外箱やマッチの外箱を下図のように揺らしてペシャンコにしてしまえば、周囲の長さは変わらなくとも

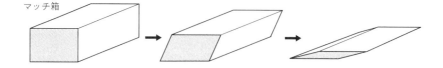

面積は0に近づくということであったが、しかしその場ではそのことを具体的に示すことができずにもどかしかった。

　大重先生は、生徒の僕たちにわざとけしかけて、考えさせるためにこういうことをなさったのか思っていたのであったが、案外本気であったらしく、次の朝、先生は「あれは間違いであった」と本気で謝られた。そういう先生の姿を見て、子どもたちはますます先生が好きになった。

　ところで命題として、

　周囲の長さが長くなれば面積も大きくなる

ということを、子どもたちと一緒に検討してみると面白いであろう。子どもたちは、予想を立ていろいろな方法で調べてくれることであろう。このことを、やや難しくなるが数学的に考えてみたい。例として、長方形の周と面積で考えてみると、

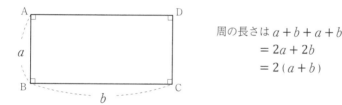

図のように縦が a、横が b の長方形を考えてみると、周の長さ ℓ は

$$\ell = 2(a+b)$$

面積 $S = ab = \dfrac{1}{4}\{(a+b)^2 - (a-b)^2\}$

$$= \dfrac{1}{4}\left\{\left(\dfrac{\ell}{2}\right)^2 - (a-b)^2\right\}$$

$$= \dfrac{\ell^2}{16} - \dfrac{(a-b)^2}{4}$$

と表すことができる。

この式から $a = b$ のとき、面積 S は最大になることが分かる。そして、その時の面積は

$$S = \frac{\ell^2}{16} \quad \cdots\cdots (\text{式}1)$$

である。これは、周囲の長さが一定の長方形で面積が最大になるのは縦と横の長さが等しいとき、すなわち正方形のときであることを示している。

面積 S が最小になるのは、a, b のいずれかが 0 に近い値をとるとき、または a, b のいずれかが $\frac{\ell}{2}$ に近い値をとるときで、面積は限りなく 0 に近づく。すなわち、長方形の一辺の長さが 0 に近いと他の辺がいくら長くても面積は 0 に近づくということである。このことから上の命題は否定されたことになる。

さて、円や多角形などを含めた閉曲線の中で、周の長さを一定としたとき面積が最大となるものは円である。

周の長さを ℓ とすれば、半径 r の円では、

$$2\pi r = \ell$$

$$r = \frac{\ell}{2\pi}$$

$$\text{面積 S} = \pi r^2 = \pi \left(\frac{\ell}{2\pi}\right)^2 = \frac{\ell^2}{4\pi}$$

これを、正方形の時の面積（式1）と比べても、$4\pi = 12.56 < 16$ だから円の面積の方が大きくなっていることが分かる。

『イワンのばか』などのトルストイの民話の中に、「人はどれほど土地がいるか」という話がある。より広い自分の土地を持ちたいと渇望している主人公が、「日の出から日の入りまでに、お前が歩いた範囲の土地を与えよう」という悪魔の誘いに乗り、日の出とともに出発し、休むことなく歩き続けやっとの思いで太陽が沈むまでに出発点に戻ってきたのだが、疲労困憊し、ついには死んでしまうという話である。人間の限りない欲望を戒める教訓を含んだ民話であるが、僕はこの本を読んだときに、そういう教訓よりも主人公

はどういう歩き方をしたのだろうかと気になって仕方がなかった。

　やみくもに歩いても、前述のように広大な面積を手に入れることができるとは限らない。そして土地は、平面なのか、山あり谷ありの土地なのか、それによっても歩き方を変えなければならない。

　ロシアの民話だから、平たい広大な土地であろうと考えてみると、土地の形として普通考えられるのは長方形である。しかし、行った道をそのまま戻ってくると、いくら遠くに歩いても面積は0である。ジグザグに歩いても面積はそう大きくならないであろう。それなら効率よく正方形になるように歩くか、はたまた円になるように歩くか。

　正方形にするのであれば、陽が昇っているのは約10時間として、出発点からまず北の方向に2時間半歩き、その地点で東へ向きを変え2時間半歩き、その地点で南へ2時間半、そこから西へ2時間半歩くとすれば理論上は正方形が成り立つ。しかし、自分の体力や後半の疲れを考えると周到な作戦を考えなければならない。主人公は欲得ばかりであったから無理に無理を重ねて死んでしまった。それなら「自分はどうする？」と文学作品を読みながら、一番功利的な歩き方はどうあればよいかなどと考えるのであった。

　ここだけの話だが、僕も少しでよいから土地が欲しい。1時間で歩いた範囲、いや10分間でもいい。1分間に100m歩いて正方形を描くと、10分で1000m。それを4で割ると250m、すると$250 \times 250 = 62500$㎡の土地が手に入ることになる。これは東京ドームの面積47000㎡よりも大きな土地が手に入るのだ。いや、もう少し速く歩くと東京ドーム2個分の土地が……。もっともっと速く歩けば3個分の……。

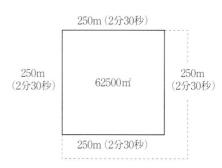

13 体積 (容積)

　体積については、当然のごとく面積学習の後に習うことになるのだが、僕のように兄弟が多い家庭では、そういう悠長なことでは済まされない生存競争が待っていた。

　昔はお菓子でも果物でも人数分あるわけでなく、１個のものを兄弟で分けて食べるということであった。母は定規を使って分けるのではなく目分量で分けるのであるから、子どもたちは必死になって母の手元を見つめ、どれが大きいか、どこがおいしそうかなどと観察しているのである。アンパンならどこに一番アンが入っていそうか、スイカならどこが美味しそうか、などと子どもながらに質にもこだわるのであった。

　都城地方では、もしこ菓子 (蒸し粉菓子) やこれ菓子 (高麗菓子)、いこもち (炒り粉もち) などの長方形の菓子が作られ、それを切って食べることが多い。長方形といえば厚みがないことになるので、正確に言えば、厚み１cm前後の直方体である。これらの菓子はどこを食べても同じ味であったから、大きさだけが問題であった。

　厚みもほぼ一定であるから、切り取られる形の面積だけを見て取れば良いという感覚を幼い頃から磨いているのであった。面積×厚みが自分の食べ口という公式は知らずとも、自ずと比較する勘が働くのであった。だから、立方体や直方体などの角柱の体積は、１cm角の角砂糖が何個つまっているかなどという例えから、

　　体積＝縦×横×高さ＝底面積×高さ

になることは直観的に分かるのであった。しかし、難しかったのは、ジュースやサイダーなどの液体を分けるときであった。

　同じ容器なら高さを揃えればいいということは誰にでも分かるのだが、違う容器で出されるときは、どちらが多いのか迷うのであった。液体を注ぐ容

器は円柱状のものが多く、それも太いのやら、細いもの、底は小さく飲み口は広いコップなど千差万別である。

子どもの僕が選ぶのは、容器に入っているジュースの高さが一番高く見えるものであった。このような選び方はで間違いであったと気づいたのは、学校で円柱や円錐台などの容積を学習してからであったから大分損したことになる。

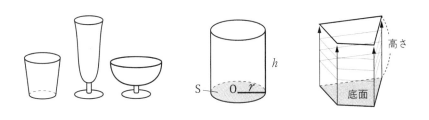

円柱の体積は角柱と同じく、底面積 S ×高さ h 　で表される。

　　円柱の体積＝（円周率×半径×半径）×高さ＝$\pi r^2 h$

ところが、円である底面積が半径によってどのくらいの違いがあるのか、感覚的に分かりづらいため、つい高さに目が向いてしまうのである。半径×半径ということは2乗倍の差が考えられる、半径が1cm大きくなれば、

　　$(r+1)^2 : r^2$

例えば、底面が円の半径3cmのコップと半径4cmのコップでは、

　　半径の比　　3：4　…………　約1.33倍
　　底面積の比　$3^2 : 4^2 = 9 : 16$　……　約1.78倍

と面積の比は拡大する。

コップの高さが2倍も違えばどちらがたくさん入るか、いい勝負になるが、少々の高さの違いでは、半径や周りが大きいコップの方が容積は大きいということになる。

小学校での体積の学習は角柱・円柱の体積の求め方で終わる。中学1年生で、錐体と球の体積や表面積の求め方を学習することになる。

錐体の体積

中学校では、錐体の体積は下図のように、錐体の底面と合同な形をした高さが等しい柱体の体積との比較で求める。

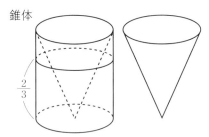

錐体

水をいっぱい入れた円柱に
円錐を入れこんで、円柱に残った水を
調べると円柱の $\frac{2}{3}$ になる。
→円錐の体積は円柱の $\frac{1}{3}$ である。

四角柱と四角錐、三角柱と三角錐でも調べると $\frac{1}{3}$ という値を得ることができることから、

　　錐体の体積＝底面積×高さ× $\frac{1}{3}$

という公式を得ることができる。

２次元空間(平面)では方形に対する三角形は $\frac{1}{2}$ 、３次元空間では柱体に対する錐体は $\frac{1}{3}$ になる不思議さは偶然なのであろうか。

球の体積・表面積

中学校では、球の体積は下図のような、円柱と球を使い求める。

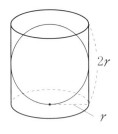

球の体積

直径と高さの等しい円柱に
水をいっぱい入れ、図のような球を入れ、
残った水を調べると円柱の $\frac{1}{3}$ になる。
→球の体積は円柱の $\frac{2}{3}$ である。

球の体積はその円柱の体積の $\frac{2}{3}$ になることが分かる。

$$球の体積 = 底面積 \times 高さ \times \frac{2}{3}$$
$$= \pi r^2 \cdot 2r \cdot \frac{2}{3}$$
$$= \frac{4}{3} \cdot \pi r^3$$

球の表面積は、球にコマのようにひもを巻き付けて、その長さのひもを円状に平らに伸ばすと半径が球の半径の2倍になっていることが分かる。

$$球の表面積 = \pi (2r)^2 = 4\pi r^2$$

錐体や球の体積などは、高校で微分・積分などを学習すると簡単に求められるのだが、微分・積分の概念を感覚的に捉えさせているのが中学校の学習であるといえよう。

球にコマのようにひもを巻き付け、その長さのひもを円状に平らに伸ばすと半径が球の半径の2倍になっている

14　度量衡

度量衡の度とは長さのこと、量とは容積、衡とは重さを表す言葉のことで、それらを測る物差し（ものさし）、枡（ます）、秤（はかり）など道具を表すこともある。当然、度量衡には基準となるものがしっかりとしていなければならない。

僕が小学生の頃、学校では、長さに関してはメートル（m）、センチメートル（㎝）、ミリメートル（㎜）などが主流であったが、１間や１尺などの長さも使っていた。

容積については、学校で１リットル（ℓ）やデシリットル（dℓ）を習っていたが、日常生活では１升や１合という単位が主流で、米や醬油・焼酎などは１升、１合の単位で売買されていた。長年使っている単位というものは身に染みついており、簡単には抜け出せないものである。

学校でℓ、dℓを教えてもらってもどうも馴染めず、量の感覚がつかめなかった。日本は江戸の昔から武士の俸給などは米の量に換算した石高制を取っており、身に染みついているのである（１石＝10斗＝100升）。

重さについても１貫や１匁が主流で、農作物などの重いものは貫で、肉などは匁で売買することが多く、生活の中でキログラム（㎏）やグラム（ g ）を使うことはあまりなかった。

尺貫法の長さや重さは、日本人の背丈に応じて作られた単位であり、日本人の生活に密着した馴染みやすい基準であった。イギリスのヤード・ポンド法なるものも、その国の国民の身丈に合った単位が用いられているのである。

ところが、各国との貿易など取引が盛んになると、単位を統一した方が何かと便利であるということは当然であり、必然となった。そこで各国共通な量の基準として登場してきたのがメートル法であった。僕はその端境期に小学生であった。学校では度量衡の換算の仕方を学習することになった。

１貫＝3.75kg　　　１升＝1.8ℓ　　　１間＝1.8m　……

として、換算せよということになったのである。そして、できるだけメートル法を使うようにという指導がなされた。何不自由なく生活していたのに、換算しなければならないまことに面倒な生活が始まったのである。計算の苦手な小学生には大変なことであった。

　１kgは何貫かという問題が出されようものなら、１÷3.75を計算しなければならず、計算機のないその頃の子どもたちにとって、度量衡（単位）換算は面倒この上もなかった。

　「唐芋を１貫ください」と言っていたのを、「唐芋を3.75kgください」と言わなければならないのかなどと、子どもたちは半ば真剣に不満を言ったものであった。

　僕が高校生になった頃、度量衡の制度は強化され、メートル法にすべしという法律ができた。守らないと罰則があるとも聞かされ戦々恐々であった。おかげで、面積の１坪は3.3平方メートルと言わなければならなくなった。１坪というのは畳２枚分の広さで、自分の家は畳が何枚敷いてあるから大体何坪の広さがあると勘定がしやすかったのだが、建売住宅の広告などにも何㎡と書かれるようになり、広さの感覚がつかみにくくなった。今でも3.3で割って坪に直し、この家には何人が生活できそうだという目安を立てている。日本人の身丈から生まれた尺貫法は、それだけ日本人の生活に密着したものなのである。

　１里という距離もなつかしい。１里は約４kmであるが、日本人が普通に歩いて１時間くらいでいける距離で、ほどよい距離という感覚と頑張りどころという感覚が入り交じった目安となる距離なのである。江戸時代の主な街道には１里ごとに小高い塚を設け、木を植えたり休憩所を設けたりして旅人の里程標とした。これを一里塚といい、今でも昔の街道跡にそれが残っている所がある。外国でもマイルストーンという言葉で里程標を表している。

　一里塚という言葉は、大きな事業や計画などの進捗状況がある段階に到達した節目などに、「本日はこの事業の一里塚ともいうべき成果を得た」などと、成果やこれからの決意を語るときに使われている。

量を測る道具にも昔は趣のあるものが多かった。米、麦、大豆、小豆など穀物を量るのは木製の枡であった。1升、5合、1合などの枡があった。どこの家にも枡があり、ご飯を炊くときには、1人1合を目安に炊いた。ただ同じ1升枡でも隣の家の枡と我が家の枡はどうも大きさが違って見えた。何十年と使ってきた我が家の枡は縁が磨り減り、小さくなっているように感じられた。米などの売り買いにどの枡を使うかは大きな問題のように思えるのだが、当時の人は誰も文句を言うわけでもなく、その家の枡を信じて取り引きした。現在の穀類の商取引では枡を使うことはない。ほとんど重さによる売買になっているようである。

　醤油や焼酎などの量は枡で計った。今は瓶ごと買っていくのが普通だが、昔は量り売りが多く、1合、2合と醤油や焼酎を買いに行かされた。1升買いできるほどの財力もなく、また冷蔵庫などもなかったので、短日で消費できる量しか買わなかったのであった。サイダーなどの入っていた小さな空きビンを持って店屋に行くと、そのビンに漏斗（じょうご）を刺し、枡で量った醤油などを入れてくれるのであった。表面張力で醤油などが枡より盛り上がるように量ってくれる店員は人気があった。僕はその帰り道、ビンの焼酎や醤油などを手のひらに少し取り、舐めながら味を確かめることもあった。醤油を舐めるくらい、その頃の子どもは食に飢えていたともいえよう。

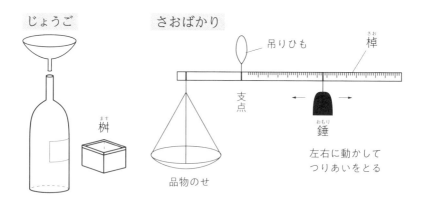

重さを量る秤には、棹秤が使われていた。僕たちはこれを「ちきぃ」と呼んでいた（扛秤：ちぎはかり）。一種の天秤で、目盛りが付いた棹と錘だけの簡単な道具であった。軽くて持ち運びが簡単なので魚屋などの行商をする人が使っていた。品物を載せ、支点となるひもで棹を吊り上げ、棹が水平になるように錘を前後に動かすのである。棹が水平になった所の錘の位置の目盛りが品物の重さである。簡単な道具であるが正確に重さを量ることができた。

　ただ、商売人によっては、その棹の水平加減が違っていて、錘の載っている棹の方が少し上になっている所で錘を止めて売るというのが客の人気を惹く芸当であった。少しでも下がっていようものなら、次からこの商売人からは買わないというような評判が立つのであった。

品物を買うときと売るときでは棹の傾きはどちらが得か

　僕たち子どもでも、その人がどういう量り方をするのか真剣に見守るのであった。当時の商売人は大勢の買い物客の面前で人間性も測られているのであった。その上、値切り交渉も結構あったから昔の商人は大変であった。しかし、そういうことを通して人と人との交流が密であったのである。

　今はスーパーなどでは、重さが表示されたトレイ入りの商品の重さや値段や品質に疑問を抱くこともなく買うだけである。また、値切り交渉などといった人間臭さもなくなってしまった。黙ってレジに並び金を払いお釣りをもらう、会話のない沈黙の買い物もできる。煩わしさはないが、人間の営みとしては少し寂しい。

15 ソロバン

　「算盤」とも書く。僕はソロバン7級の腕前である。初めて検定を受けて取った資格なのだが、それっきりで終わった。
　4年生になった時、先生から珠算クラブを作るから入らないかと誘われた。誘われたというより指名されたようなものであった。ところが、家には使えそうなソロバンがなかった。姉や兄たちが使ったと思われるソロバンはあったが、珠が動かない代物であった。台風のたびに浸水する我が家であったので、ソロバンも水に浸され、膨張した珠は動かなくなってしまっていたのである。滑り粉をかけても効き目がなかった。
　小さな事務用のソロバンはあったが、一を表す珠が5個ついている通称「五珠」と呼ばれる古い型のソロバンであった。学校で使うものは「四珠」でなければならなかった。そういうこともあって、他の友達がソロバンを習うようになっても僕はクラブに行くことが叶わなかった。

　2、3カ月も経った頃、ようやく母が100円工面してくれた。僕は町の文房具屋に走った。店の方は、500円や1000円のものを出して「これなら一生使えます」などと言ってくれるのだが、こちらは100円しかないのである。もっと安いのはないかと探して、ついに100円のものが1つ見つかった。だ

が、そのソロバンたるや、珠の穴の大きさに比べて芯の棒が極端に細い不良品であった。滑りは極端に良いというか、珠がぶらぶらとゆれる代物で、下手するとはじいた珠がまた戻ってくるような恐怖感があった。しかし店にはそれしかないというので、仕方なくそれを買うしかなかった。

翌日、僕は勇んでクラブに出かけた。もうそのときには、友達は1、2ランク上に上達していて、僕は当然に初心者のグループに入れられた。

足し算、引き算の練習が始まった。他の人のソロバンはパチパチと快い音がするのに、僕のソロバンはゆらゆらとして、ゆっくり打たないと珠が戻ってしまう。上達は望むべくもなかった。

次にかけ算とわり算を習ったが、ソロバンで計算するより、紙に筆算でした方が速いのであった。他の友達が5級や6級を受検する時に、僕は最下級の7級を受検したのである。珠算検定料は50円くらいであった。これもやっと出してもらったので、合格しなければならないと悲壮な覚悟で臨んだ。しかし、かけ算わり算では合格点すれすれの問題数しか解けなかった。1題でも間違っていたら不合格というところであった。

数日後、7級に合格したことを告げられた。そして6級を受ける練習に入った。ところが、それから上はひとつも上達しなかった。ゆらゆらソロバンのせいでもあったが、生来の不器用さや飽きやすい性格が原因であった。僕は早々にソロバンをあきらめた。もう少し頑張ったらどうかという先生の言葉もなく、至極当然に退部が認められた。

他の友達は、ぐんぐん腕を上げ、数桁の暗算もたちどころにやってのけるようになり、学芸会などの珠算発表会で喝采を受けるくらいになっていた。ただ、ソロバンの巧さと算数の成績とは別物のようで、その人たちがことさら算数が得意ということではなさそうであった。

後年、僕が数学の教員をしていた頃、大学で数学教育の教鞭をとられていた教授が退職されて、どこやらの珠算連盟の顧問に就任されたことがあった。その教授が僕たち教え子がいる学校に回って来られて、ソロバンのよさを宣伝されるのであった。

「算盤は十進法の仕組みを教えるのに最適な道具であり、位取りの仕方が

視覚的に分かる」

ということであった。こういう活動が功を奏したのかどうか分からないが、次の学習指導要領改訂でもソロバンは指導内容として残った。

確かに先生の言われるように、ソロバンは数計算の仕組みを視覚化するのに適している。しかし、授業時数との関わりでいうと、ソロバンの授業は年間に数時間しか扱えないというのが実情で、とても熟達には至らなかった。ましてソロバンを使って位取りの原理を教えようという先生はほとんどおられず、珠の動かし方を型どおり教えられるようなところでとどまっていた。それは、ほとんどの先生がソロバンの未経験者であるからでもある。

学習指導要領改訂の時期になると、ソロバンや計算尺などの道具を扱う業界では、改訂で指導教材・内容としてそれが残るかどうかが最大の関心事のようであった。ソロバンが指導内容として採用されれば全国で相当数のソロバンが売れることになるし、またソロバンに関心のある子を作るきっかけともなり、ソロバン塾が流行ることにもなるのである。業界にとって、学習指導要領に記載されるか否かは、まさに死活問題であるようである。

計算機（電卓）の計算機能が高まり、また安く手に入るようになると、ソロバンの需要は急速に下がりだした。計算機はかけ算・わり算で威力を発揮し、数値を入れただけでたちどころに答えが出てくる。足し算、引き算ではソロバンの方に幾分か分がありそうであったが、計算機にも達人が出てきて、ソロバンに遜色がない速さでキーを打つようになると加減の計算もどちらが速いか分からない勝負になった。

それで、ソロバンも終わりかと思いきや生きているのである。ソロバンのよさは、電気を必要としない環境にやさしい道具であるし、人が指を動かすことによって脳を刺激しボケ防止にもなる。また市販の計算機には表示の関係で桁数に限界があるが、ソロバンでは何十桁の計算も可能である。それに、ソロバンの達人は暗算の達人にもなる者が多い。頭の中にソロバンの盤面を思い浮かべて計算をするのだと聞いたことがあるが、計算というよりソロバンの操作を頭の中でしながらソロバンの目を読んでいるのであろう。何

十桁という計算も事も無げに暗算してしまうから、ソロバン達人（暗算達人）には本当に驚嘆する。この芸当は電卓達人からは育ちにくいのではないかと思われる。

　ソロバンは機械ではなく人が動かしている道具であり、これを商売などに役立つ道具として実用化し、その技能を習得するために修練してきた日本人の勉励さには感心する。珠算は日本の文化といってもいいであろう。

　といって僕は、ここ30年くらいソロバンを使ったことがない。ソロバンより小さな電卓が安く手に入るし、スマホなどでは「○○＋□□」などは手で操作しなくとも話しかければ回答をしてくれるという便利なものになっている。

　もっとも、僕の生活で使う数の範囲は小さく、小遣いは数千円単位の計算だから何とか暗算できる。ただ、僕が困っているのは、自分のゴルフのスコアの計算である。あまりの点数の大きさにソロバンか計算機があればなあと思ってしまう。

第2章 中学校時代の数学

昭和30年代初期

1 正の数と負の数

　小学校６年間は正の数の世界であったが、中学１年生になると負の数の存在を教えられる。

　「温度計で０度より３度低い温度を氷点下３度とか、マイナス３度と言って－３と書いてあるだろう」

　「家の経済状態はどうか。赤字や借金などは、黒字に対して負の数で表される」

　そして、

　「０より小さい数のことを負の数というのだ」

　などと、負の数の存在を必死に説明されるのだが、実感として負の数をつかむことは難しい。それより子どもたちは小学校の引き算で、

　　２－３

のように、引かれる数より引く数が大きくなった時は引き算ができないという制約を金科玉条のように守らされていたのに、そういう計算もできるようになりそうだということへの関心の方が強い。といっても、そこで負の数の概念が理解されたわけではない。

　この式の２も３もまだ正の数であり、－は引くという演算記号である。答えを－１とすると説明されても、１足りないという表記法としての理解にとどまっているのである。負の数の理解は、単元全体の指導を通して少しずつ生徒に実感として認識させていくことが教師には求められる。

　正の数、負の数を学習することによって、今までできていた足し算や引き算に混乱を起こし、計算できなくなる子どもも結構出てくる。

　＋、－という記号は、今までは「足す」「引く」という演算（計算）するための記号であったのだが、正の数や負の数を表す「プラス」や「マイナス」という符号（記号）でもあると説明されると、何が何だか分からなくなるの

である。演算記号と見るのか、正・負の符合と見るのかは、考え方によってどちらにもなるのだから始末が悪い。

　中学校における「正の数・負の数」の単元は、以後の数学にずっと影響していくので非常に重要な単元である。教える教師も順を追って慎重に指導していかなければならない。「これくらいは分かるだろう」と安易に考えておろそかな指導をすると、数学が分からなくなったり、数学嫌いを生み出したりすることにもなるから留意したい。

　正・負の計算ができるから、計算の仕組みや正・負の数の概念が分かっているかというとそうでもなく、計算の操作だけが正確にできるということに過ぎないことも多い。

　また、教師が自分で分かっていることとそれを子どもたちに理解できるように教えていくこととは、違った能力が必要である。自分の中学時代を考えて、正・負の計算は苦労なくできていたので、子どもたちも容易に理解するだろうと思ってはならない。中学校数学の入り口である正・負の数で生徒をつまずかせないよう、教師は万全の準備をして考え方をじっくりと子どもたちに浸透させていくことが大切である。

　正の数・負の数の足し算・引き算は、最終的には足し算として統一して理解させるのがよい。それも「和を求める」という考え方に帰結させるのがよい。例えば、

　　$-5+3-2+1$

という計算は足し算なのか引き算なのか論議する必要はない。そこにある数の和を求めていくという考え方をするのである。上の式では、

　　-5と$+3$と-2と$+1$

と各数の間に「と」を入れて呼ばせたり、「と」を「合わせる（たす）」と呼ばせたりすると、全体の式の感覚がつかみやすい。そして、同符号の数同士の和を求める。

　　-5と-2で-7　，　$+3$と$+1$で$+4$

そして、異符号の和はどちらがどれだけ多いかという感覚で計算する。

－7と＋4で－3

これらの一連の計算方法は、

・同符号の数はその絶対値を足す。付ける符号はその符号

・異符号の数はその絶対値の差を計算し、符号は絶対値の大きい方の符号

というようにまとめられるのだが、同符号だの異符号だの、その上絶対値の大・小などと用語が出てくると、かえって理解がスムーズにできない生徒がいることから、文章的まとめをあまり強要する必要もない。まずは計算の勘所を身に付けさせればよいのである。これを会得すると、正・負の数の加減法の計算力は飛躍的に伸びる。

ある時、正の数、負の数の計算が全くできなくなった子どもが親に連れられて僕の家に訪ねてきたことがあった。小学校では足し算・引き算は得意であったが、中学生になって正・負の数を習ってから、計算がさっぱりできなくなったというのである。いろいろ質問してみると、正・負の符号や演算記号などが入り交じって混乱していることが分かった。そこで、

「今まで君が持っている正・負の数についての知識や技能を忘れなさい」

ということを提案した。まことに乱暴な提案であったが、その子が持っている混乱した正・負の数の概念を再構成するより、更地から建て直した方がしっかりと理解できると判断したからであった。

僕は、正・負の数について1週間くらいの日程で最初から教え直すことにした。初めは遅々としていたが、3日目ぐらいになると、ぐんぐん進むことができるようになった。5日目ぐらいには、正・負の数の計算を素晴らしい速さで解くようになった。僕は安心し、自分の指導力も満ざらではないと自賛した。

ところがである。7日目を過ぎた頃からその子は計算がだんだんできなくなったのである。不思議に思ってその子に尋ねると、

「どんどんできるのはわかったのですが、どうしてできるのかわからないのです」

「自分がこんなにできるのは何故でしょうか」

「自分が、信じられません」

僕はガーンと頭を打たれたように言葉を失った。何故なのだと自問自答した。僕の教え方によって理解してくれているものと思っていたのだが、その子の理解力と僕の教え方の速さなどにギャップがあったのかもしれない。いや、その子自身も理解したつもりではあったが、腑に落ちた理解に至っていなかったのかもしれない。本人自身あまり分かっていないのに答えだけは不思議と合っている。これは何かおかしいと思ったのかもしれない。結局僕の教えたことは、その子にとっては計算のやり方（How to）に過ぎなかったのだろうか、などと自問自答を繰り返した。

その子に再度教えようと試みたが、その時、その子にはもう学習し直すということを受け入れるようなゆとりがなくなっていた。それからその子は、できたりできなかったりする以前の子どもに戻っていった。僕はどうすることもできず、手をこまねいている自分の哀れな指導力に歯がゆさだけが残った。

一つの理解を本当の理解にするには、それを温める時間が必要なのかもしれない。栄養になるからと、急速にたくさん食べさせても消化不良に陥るということである。このことを通して僕が自覚したことは、教えるということは、子どもの能力や性格・気質などを観察・洞察しながらやっていかなければ効果をもたらさないということであった。僕にとっては、苦く厳しい試練であった。

2 （負の数）×（負の数）はどうして（正の数）？

　正・負の数の計算では加減（足し算・引き算）の考え方が重要で、計算も慣れるまでに時間がかかる。しかし乗除（かけ算・わり算）は正・負の加減が分かっていれば比較的簡単である。

　といっても（－）×（－）はどうして（＋）なのかはちょっと難しい。教師が必死で教えても、子どもは結果だけを覚えて計算する。そして何の不自由も感じないのである。

　ある学校で正・負の数の授業をしていたところ、それを見ていた高校の先生方がその進め方の遅さに呆れた顔をして、

　「まあ、しち面倒くさいことを。こういうものは結果が使えればいいんですよ」

　と笑われるのであった。

　その先生方は結果（公式）を使って練習問題をどんどんさせられ、そして、子どもたちもどんどん解いていくのである。何故そういう公式ができるのかなどということが分からなくとも痛くも痒くもない、という雰囲気である。僕は、「何故」「Why？」ということを大切にすることが数学の本道であると考えていることからおろそかにできないのであった。説明や子どもたちの理解が難しくとも、まずはとことん子どもたちと一緒に考えていくことをモットーにしていたのである。

　具体的な説明の例としては、東西に延びる道路を歩く人や走る車の位置を考えさせていた。今いる地点を０地点として、それより東はプラスの地点、それより西の地点はマイナス地点として、歩く人の２時間後の位置、２時間前の位置などを考えさせることによって、正と負の数のかけ算を考えさせるというものである。

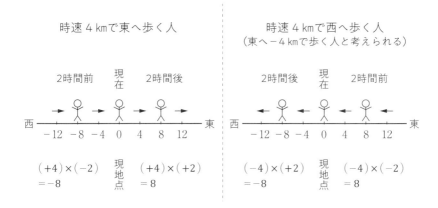

　歩く方向によって進む速さを正としたり負としたり、時間を正や負にしたりと、初めての子どもたちに分からせるのは容易ではない。くどくどと説明を加えると一層分からなくなる子どもも出てくるから、正と負の数の決め方は約束事として簡潔に示すことが大切である。そして、次のような数のかけ算を示しながら子どもたちに納得させていくことになる。

$(-3) \times 3 = -9$

$(-3) \times 2 = -6$

$(-3) \times 1 = -3$

$(-3) \times 0 = 0$

掛ける数を1ずつ小さくすると答えは3ずつ大きくなることに気づかせ、次の式は何が予想されるかと問い、

$(-3) \times (-1)$

という式を期待するのである。そして、「答えは何になるか」と問い、
「0より3大きい数」という答えを期待するのである。
「ということは、答えは＋3だね」と念を押す。
　先の、東西に行き来する人の例と対比させながら説明を進めていくと分かりやすい。結局、推量により導き出すということになるのである。
　期待したり、念を押したり、説明は大変なのである。この説明のやり方は僕自身あまり好きではないのだが、いろいろな具体例を示しながら、

$$(-) \times (-) = (+)$$

になることを、子ども自身が得心しなければならない。

ある本で政治家だったか文学者だったかが、

「数学なんてさっぱりわからない。どうして200円の赤字と300円の赤字を掛けると60000円の黒字になるんだ」

と、苦手だった数学に昔日の恨みを晴らすがごとく言っているのを、雑誌の記事で見かけたことがあった。この例え話になるほどもっともな意見だと相槌を打つ人もいるかもしれないが、しかしこの計算は本当に実在するのであろうか。

まず、（お金）×（お金）というかけ算があり得るのか。答えの単位は、一体何になるのだろうか。政治家の例えは、（お金）×（お金）=（お金）で単位は円である。さすが政治家ということで納得はするのだが、かけ算して出た答えの単位はそれなりに意味がなければならない。例えば、

$$a \text{（m）} \times b \text{（m）} = a\,b \text{（㎡）}$$

となって、これは面積を表す。このときの a, b は一般に正の数である。

こう考えると、a 円 $\times b$ 円 $= a\,b$ 円^2 という式は意味ある式なのか。円^{2}という単位は何か。など考えてみる必要がある。

（負の数）×（負の数）=（正の数）の説明は中学1年生の時で終わるのだが、大学の数学科などでは代数学の中で文字を使ってこれを証明する。

僕が短期大学に勤めていた時、小学校の先生を目指す学生にこの証明の授業をしたことがあったが、反応はよくなかった。証明の骨子は次のようなものである。

$a > 0, b > 0$ なる2つの数がある。

$$(-a) \times (-b)$$
$$= (-a) \times (-b) + ab - ab$$
$$= (-a) \times (-b) + ab + (-a) \times b$$
$$= (-a) \times \{(-b) + b\} + ab$$
$$= (-a) \times 0 + ab$$
$$= ab > 0$$

（別解）

$a + (-a) = 0$　だから

$\{a + (-a)\} \times (-a) = 0 \times (-a) = 0$　となる

$\{a + (-a)\} \times (-a) = 0$　は分配の法則により

$$a \times (-a) + (-a) \times (-a) = 0$$
$$-a \times a + (-a) \times (-a) = 0$$
$$(-a) \times (-a) = a \times a$$

等と説明してやると、

「そんなのが証明なのですか」

「どうして、$a\,b$ を足して、$a\,b$ を引くという訳のわからない手続きをしなければいけないのですか」

「なんとなく合点がいきません」

ということであった。高校時代の数学の履修がばらばらな短大生だから、その証明は理解を超えているというより、そういう証明の仕方に慣れていないということであった。無理して教えることもなかったのかと思ったりもした。

「公式を覚え、それを使ってどんどん問題を解ければ、一流高校、一流大学に合格するのです。『なぜ』ということを考えてばかりいては、いい点数は取れませんよ」というような風潮が世間にはあり、そういう教育を支持する方々も多い。僕はそういう考え方に抗いながらも、次第にそういう授業をしていきそうな自分を感じて怖くなる。

「疑問を待たせない教え込み」に徹する効率的な授業の弊害は大きい。目先の受験などには通用しても、将来にわたって何かを追及したり解決したりする問題解決の能力や態度の養成を阻害しているからである。真に生きる力を養う学力とは何なのか、教師は特に考えなければならない。

3 文字式

　中学数学で特に重要な学習は、文字式の概念はきちんと定着させるということである。数学は歴史的にも文字を使うことによって飛躍的に発展していったのである。

　小学校では、

> （問い）100円持って、50円のノートを一冊買いました。お釣りはいくらでしょう。

　　式　$100 - 50 \times 1 = 50$　　　答え　50円

のように、具体的な数字が示され、それを計算することによって答えを求めていた。

　中学校では、

> （問い）100円持って、a円のノートを一冊買いました。お釣りはいくらでしょう。

　　式　$100 - a \times 1$　　答え　$100 - a$（円）

のような、数字に変わって文字を使うようになる。ここで大切なのは、答えは式であり、式が答えであるということである。

　a の中にいろいろな値を入れることによって、この式は100円出したときのお釣りの公式という見方もできるようになる。そうして日常事象の中では、a の値の大きさも考えるようになる。

　　$0 \leqq a \leqq 100$

文字を使うことによって論理性も高まってくるのである。

　文字式にはいろいろな決まりがあり、それらを一通り覚えないと使いこなすことは難しい。例えば、

$$a + a + a = a \times 3 = 3a$$
$$a \times a \times a = a^3$$

などの約束事や違いを明確に認識することが大切である。

また、何かの事象を文字式で表すときは、単位に神経を向ける必要がある。

> （問い）xメートルの紐からyセンチメートル切り取ると、残りの紐の
> 　　　　長さはいくらか。

単純に $x - y$ とすると、xとyの単位が違うので、この式の全体の単位が何になるかわからない。そこで単位をセンチメートルに揃えると、x（m）は$100x$（㎝）として考える必要がある。だから答えは、

$$100x - y \quad （㎝）$$

単位をメートルにすると、

$$x - \frac{y}{100} \ （m）$$

としなければならない。

こういう **単位を揃えるという約束事** をきっちりと守ることが文字式には必要である。

これらをしっかり押さえて、事象を式で表したり、方程式を立てたりすると、問題解決をスムーズに行うことができる。

文字式の計算の基礎基本は、まず、

・正・負の数の加減乗除の計算ができること

・同類項が判別でき、その加減の計算ができること

である。

僕は中学２年生の時、この文字式の計算ができずに困った思い出がある。当時、僕は簡単な問題集を使って文字式の計算を練習していた。ところが、問題集の解答といくつか違うのである。なぜ違うのか、どこが間違っているのか、自分では皆目見当がつかないのであった。どういう問題のときに間違っているのか、間違い方に傾向があるのか、などを調べると、間違いの原因が分かるのだが、当時の僕はそういう手だても知らず、正解になる理由も不

正解になる理由も自分で見出すことができなかったのである。間違えた問題が複雑であるというのならまだしも、普通の文字式の計算であった。しかし、1週間経ってもできたり、できなかったりを繰り返していた。

そこで先生に質問に行くと、先生はまた授業の時の説明を繰り返されるのであった。その後も問題を解くと、正解・不正解が入り交じるのであった。何が原因か分からないまま10日間くらい過ぎた。僕は次第に焦りを感じるようになっていた。

先生に質問しても分からなかったのだから、どうしたら良いかと悩んだ末、自分が先生になり、先生を生徒に見立てて説明するという方法を考えた。僕は職員室に行き、先生に、

「これから文字式の計算の仕方を説明します」

といってミスをしている問題を例にして、説明を始めた。

（例）　$5a - 3b + 2a + b$
　　　$= 7a - 3b + b$
　　　【 $= 7a - (3b + b)$ 】
　　　$= 7a - 4b$

（例）　$5a - 3b + 2a - b$
　　　$= 7a - 3b - b$
　　　【 $= 7a - (3b - b)$ 】
　　　$= 7a - 2b$

※【　】の中の計算は自分の頭の中の計算である。

ものの30秒もしないうちに、先生が、

「ストップ、そこのやり方がおかしいよ」

と僕の間違いを指摘してくださった。一瞬にして疑問は氷解した。僕はなぜか、$3b$ の前の $-$ は引くという演算記号であり、$3b$ と b を足して演算記号の $-$ をつければよいと考えていたのであった。考えというより思い込みがあって、なかなか訂正し切れていなかったのである。正・負の数の計算と全く同じであるにも関わらず、なぜかこういう思い込みが客観的な考えを阻んでいるのであった。

符号を伴って同類項を認識すると、上の式は正・負の数の計算と同様に

第 2 章　中学校時代の数学　　105

$-3b$　と　$+b$　の和は　$-2b$

$-3b$　と　$-b$　の和は　$-4b$

　と、いとも簡単に計算できるのであった。ようやくにして、2 週間ばかり
の遅れを取り戻すことができた。

　思い込みというものは恐ろしいもので、他の考え方や方法を浮かび上がら
せない強さがあるようだ。自分で説明することによって、他から誤りやおか
しな部分を正してもらうという疑問解決の方法は、その後教師になった僕の
指導の在り方に大いに生かすことができた。

　分からないところを質問せよ、と教師がいくら言っても、生徒には分から
ないところが分からなかったり質問する方法が分からなかったりして、質問
ができない子どもも存在するのである。本来的には、教師が子どもたちの出
来・不出来を察知し、子どもが質問したくなるような発問や問題を出すよう
になっておきたいものである。

　そういう気づきは、子どもが問題を解くノートの鉛筆の先や手元を観察し
ていれば、教師には自ずとわかるものである。だからこそ、授業中における
教師の机間指導は重要である。

　教師は、全体を教壇から見回していればよいのではなく、個々の生徒の実
態を観察するために動き回らなければならない。瞬時に生徒の状況を見取
り、対策を打つ能力が教師には求められるのである。

　それにしても、中学校 2 年生でどうにかして疑問を解決したいと悪戦苦闘
し、自分で先生に説明し、自分の分からないことを先生に見つけてもらうと
いう質問の方法を考えついた僕は偉かったなあと自画自賛している。こうい
うことをきっかけに、また一層数学が好きになった。

4 追いつけない

　中学校の頃、数学は得意な方であった。ある時、後輩の女の子から、「中学校に入ってから数学が難しくなって分からないところがあるので、あなたの1年生の時のノートを貸してほしい」という申し出があった。その子は美しく成績優秀と目されていた子であったから、僕はどぎまぎしながらも有頂天になって、「ああ、いいよ」とノートを貸すことにした。

　1週間ばかりしたころ、その子が言いにくそうに、

　「○ページのあの問題は、あなたのノートを見ても分からないのだけど」

とノートを広げて見せた。しまった。赤面の至り。その問題は1年生の時自分にも分からなかったのだった。そのときの僕の解法がそのまま残っていたのである。

　その問題とは、追いつき問題で、次のような問題であった。

> （問い）弟は家を出て、時速4kmの速さで駅に向かって歩いています。30分後に、兄が弟を自転車で時速8kmの速さで追いかけました。何分で追いつけるでしょう。

【僕の解】

弟は30分前に出発しているから、兄より $4\,km \times \dfrac{1}{2} = 2\,km$ 先にいる。

兄はそこまでに行くのに $2\,km \div 8 = \dfrac{1}{4}$ 時間かかる。

その間に弟は $4 \times \dfrac{1}{4} = 1\,km$ 進んでいる。

兄がそこまでに行くのに $1 \div 8 = \dfrac{1}{8}$ 時間かかる。その間に弟は……。

　……このような方法でどんどん話を進めていくと、いつまで経っても終わらないのであった。僕はノート2ページくらいに計算を展開した。0秒近くになっても、弟はまだ先にいて、兄は追いつけないのであった。計算はどん

どん厄介になっていくのに、いつまで経っても追いつけない。どうしたことかと自分では解決できなかった問題であったのである。

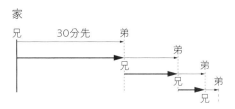

いつまで経っても追いつけない

　その後の正解をノートしておかなかったので、美しき後輩の前で恥をかくことになってしまった。僕の失敗した解法は、有名なツェノンのパラドックス（逆理）であることを後で知った。
　「先に行った亀にアキレスは追いつけない」
というものである。それを僕は中学１年生の時に体験したのであった。
　ツェノンのパラドックスにはこのほかに、
・「人はＡ地点からＢ地点には移動できない。何故ならＢに行くためにはＡＢの中点を通らなければならない。その中点に達するにはＡとその中点の中点に達しなければならないからである」
・「飛んでいる矢は止まっている」
などがある。正しくはないと思われる論理であるが、正しくないと論破するのは容易でない。
　この「追いつき問題」は、方程式を使えばたちどころに解決するのだが、それには、追いつくという現象をどう捉えて立式するかが鍵である。先の問題の場合、家から弟の歩いた距離と、兄が家から自転車で追いかけた距離が等しくなったことが追いついたということである。このイメージが大切なのである。
　といっても、兄弟は同じ道を通ったという前提条件が必要である。兄が近道をすれば、行き違うことも現実にはあり得る。そういう条件をクリアした上で、

[解]

兄が x 時間後に追いつくとすると、弟の歩いた時間は $x+\frac{1}{2}$ となるから
兄の進んだ距離は $8x$ km、弟の歩いた距離は $4\left(x+\frac{1}{2}\right)$ km

この距離を等しいとおく　$8x = 4\left(x+\frac{1}{2}\right)$

これを解くと　　　　　　$x = \frac{1}{2}$

だから $\frac{1}{2}$ 時間すなわち30分後に追いつくことになる。

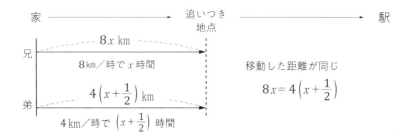

　彼女がそのノートを持ってきた時、このような説明ができたかどうか忘れてしまったが、気持ちの悪い冷汗の感触がいまだに残っている。追いつき問題のほかに、運動場を走るとき一周追い越される時間を求めたり、反対方向に走った2人が出会う時間を求めたりする問題が出されることがある。これなどは2人が走った距離の差が運動場一周の長さに等しくなるとか、2人の走った距離の和が運動場一周の長さになるような方程式を考えればよい。

　方程式を問題解決に活用することは、問題の中に等量関係にあるものを見出せるかどうかにかかっている。求めたい数 x（未知数）を使って別の量を作り出し、それと等量なものがあればそれらを等式（方程式）にして、それを解くことによって最終的に未知数 x を求めるという手法である。ダイレクトに未知数 x が求められる式（方程式）や方法があるわけではないことを生徒には気づかせたい。

5 方程式

　方程式は中学校数学の花（華）かもしれない。方程式といえば、いかにも数学をやっているという感じがある。そして、方程式という言葉には問題解決の万能薬のようなものであるといった、神秘的響きすら感じることがある。日常生活の中でも、「入試合格のための方程式」と使うなど、方程式という言葉は、それを使えばいとも容易く問題解決ができるという幻想を抱かせる。ただ、なかなか使いこなせないのが難点である。

　数学に文字を使うようになってから、数学はものすごく発達した。それは、いろいろな事象が文字を使うことによって簡潔な式に表され、関係を的確につかむことができるようになるからである。

　それまでの問題解決は逆算的な逆思考を駆使して解くことが普通であったが、文字を使うことによって順思考的に式が立てられ、問題解決への手法が飛躍的に広がり滑らかになる。また、問題決の時間も大幅に節約することができる。

　方程式を利用するには、事象が文字を使った式で表されるかどうかにかかっている。その事象の量の関係性から、等量関係が見出せれば方程式、大小関係が見出されれば不等式を立て考えることができる。問題は、事象の関係性を的確につかめるかということにかかっている。すなわち、読解力や書く力が必要不可欠なものとなってくるのである。

　次に述べるのは、ある中学校１年生の方程式の授業実践例である。

（問い）　１個80円のリンゴを数個買って50円の箱につめてもらった。1000円札を出したらお釣りが470円返ってきた。リンゴを何個買ったのでしょう。

先生「何を求める問題ですか」

生徒「買ったリンゴの個数です」

先生「では自分で解いてみましょう」

生徒の多くは、

$$1000 - 470 = 530 \qquad 530 - 50 = 480$$

$$480 \div 80 = 6 \qquad 答え \quad 6 \text{ 個}$$

として、難なく解く。これは小学校までの算数的な解法である。そこで先生は、

「リンゴの数を x 個買ったとして、方程式を立ててみましょう」

と提案された。

そうしたら、次のような方程式が生徒から出された。

生徒A：$(1000 - 470 - 50) \div 8 = x$

生徒B：$80x + 50 = 1000 - 470$

生徒C：$1000 - 8x - 50 = 470$ 　　　　等々

生徒Aの式は、方程式というより小学校の学習の成果である逆算的方法である。とても素晴らしい出来なのだが、この逆算的な方法から抜け出せない生徒もいることから、指導には留意する必要がある。

生徒Bの式は、文章をそのまま式に写したもの。

生徒Cの式は、払うお金を次々と1000円から引いたものである。

方程式が立てられたら、その方程式を解くことである。このとき大切なのは、いちいち変形された式の意味を考える必要がないということを分からせることである。生徒の中には、これまでの逆算的解法のときのように式の意味を一つひとつ考えるという習性が抜け切らない者もいる。これでは方程式利用の良さは伝わっていかない。

方程式利用の醍醐味は、方程式が立つとその方程式を形式的・機械的に解けばよいということである。

ただ、計算の結果出た数値がそのまま、問題の答えになるとは限らないので、出た数値が題意に沿った答えになっているか確かめる（吟味する）必要が

あるだけである。

　例えば、クラスの生徒数が小数になるようなときなどは、問題の答えとして適するか、適さないか判断（吟味）する必要がある。

　現在、学校での方程式の単元では「方程式の解き方」を先に学習し、「方程式の利用」は後に学習することから、実際の事象問題（文章題）で方程式が立てられれば、後の計算はたちどころにできる手はずにはなっている。

　さて、その方程式の解き方（計算）だが、これは等式の性質を使って解くことになる。

【等式の性質とは】　　　$A = B$　ならば

$$A \pm C = B \pm C$$
$$A \times C = B \times C$$
$$A \div C = B \div C \quad （ただし C \neq 0）$$

　等号（＝）をはさんで両辺に同じ操作をしても等号は成り立つという論理を使うのである。

【方程式の解法は】

$$a x + b = c x + d \quad これらの方程式の x の値は同値である。$$
$$a x - c x = d - b$$
$$(a - c) x = d - b$$
$$x = \square$$

のように、最終的に $x = \square$ という方程式に変形すれば解が出たということになる。

　ここに至る過程は、等式の性質を駆使して式を形式的・機械的に変形していくだけである。「移項」という考え方も等式の性質の操作から導き出されたもので、その操作を「移項」として形式化しただけのものである。

　僕が、宮崎大学附属中学校で教育実習を受けた時、この方程式の解法の単元を授業していた。生徒たちは優秀で、等式の性質もなんなく理解していたし、方程式もスムーズに解いているのだが、指導教官からの僕への指導は

「方程式解法の各段階で、等式の性質をどう使ったかノートに書かせよ」ということであった初めのうちは生徒も黙って書いていたが、もう書かなくてもいいのではないかというような態度や雰囲気が教室にみなぎってきた。それでも、等式の性質を書かなければ不可とせよという指導を受けていたので、２、３時間くらい生徒に書くことを強要したのである。

　そして「移項」という方法を導入するのであった。生徒の我慢が頂点に達していた頃なので、「移項」という操作のよさを瞬く間に生徒は自分のものにしていった。それでも、最初は「何々を移項して」という言葉を生徒は書かせられた。理解と技能を確かなものにするためには書くことが大切であるということを、指導教官は教えてくれていたのである。

　一次方程式が終わると、未知数が２つ、３つの方程式を解くことになる。未知数が２つであれば、解を求めるには方程式が２つ必要である。これを連立させて解くのである。これが二元一次連立方程式である。

　代入法とか加減法とかいう方法で未知数を減らしていくことを消去といい、未知数が１つになると最終的には一次方程式を解くことになる。この代入法や加減法による未知数の消去の基本原理は「等式の性質」である。

　未知数が３つの三元一次連立方程式でも３つの方程式から、未知数を１つずつ消去していって最終的に未知数１つの方程式を解くことにすればよい。

　連立方程式の活用では、未知数の数に応じた数ほど方程式を立てなければならない。事象の中からたくさんの等量関係を見出さなければならず、かなりの読解力が必要である。生活体験などが豊富であれば物事の関係が捉えやすく、立式も容易になる。

　面積などの問題解決には、未知数 x を２乗することもある。いわゆる二次方程式である。二次方程式は一般に、次のような式で表される。

　　$a x^2 + b x + c = 0$ 　　（ $a \neq 0$ ）

　二次方程式を解くには、解の公式を導いて使ったり、因数分解をしたりして求める。

$$\text{解の公式}\quad x = \frac{-b \pm \sqrt{b^2 - 4ac}}{2a}$$

$$\text{因数分解}\quad a(x - \text{A})(x - \text{B}) = 0 \quad \Rightarrow \quad x = \text{A} \quad \text{または} \quad \text{B}$$

僕が教師になった昭和40年代は、上の一般式で因数分解や解の公式を求めていたが、途中、難易度を下げるために x^2 の係数 a を 1 に限定することもなされるようになった（最近はまた一般式の解に戻っている）。

それでも、二次方程式の解の公式の求め方を生徒に理解させるのは案外と厄介で、下手すると求め方より公式の使い方を練習させることに力点を置く授業も見られる。というのも、この公式に数を当てはめていくのにも困難な生徒がいることや、$\sqrt{}$ の中の計算、平方数を $\sqrt{}$ の外に出す方法などに抵抗のある生徒も多いという教室の実態があるからである。

二次方程式の解は 2 つあったり、1 つであったり（重根・重解）、時には実数解がないときもあり、複雑である。これらを判別する力は高校数学につながる重要な問題になることから、中学時代にしっかりと基礎を作っていることが大切である。

文章問題の解決に二次方程式を使うと解の出方がいろいろあるので、問題の答えとして何が適当であるか、しっかり吟味をしなければならない。

○濃度問題

方程式の解法を学習すると、その活用として文章題が課せられる。日常的な生活事象であれば、何とか文章の中から量の関係がつかめるのだが、物理や化学などの事象が問題に出されるととまどうことが多い。

例えば、速さの関係は複雑である。A君は毎時 5 ㎞の速さで、B君は毎時 8 ㎞の速さで歩いているが、A君とB君が手をつないで歩いたらその速さが合わせて13 ㎞になることはない。ところが、毎時 5 ㎞で舟を漕げる人が、毎時 4 ㎞で流れる川を下るときの速さは船の速さと川の流れの速さを足さなければならない。この辺りの機微が分かりにくい。

水の温度にしても同じことがいえる。水温15度の水と水温50度のお湯を混

ぜると何度になるか。これを15＋50＝65で65度とすることはない。15度と50度の間の水温になるであろうということは想像がつく。水温を決定するのは２つの水の量である。こういうことは熱いお風呂などで経験することであるが、数式で表すということは案外に難しい。

食塩水などの濃度問題も子どもたちが苦手とするところである。

> （問い）５％の食塩水20ｇと８％の食塩水30ｇを混ぜ合わせると何％の食塩水になるか。

という問題は方程式を使わなくても求められるのであるが、正答率は悪い。これは、百分率の問題でもあるので、百分率の基礎ができていない生徒には相当の苦労である。教師の方でもこれを生徒に理解させるのは並大抵のことではない。

濃度 a ％の食塩水 x ｇのＡ液と、濃度 b ％の食塩水 y ｇのＢ液を混ぜ合わせ、濃度 c ％の食塩水 z ｇのＣ液を作る。

黒板にＡ液、Ｂ液、Ｃ液のビーカーを描き、食塩水の重さ、食塩だけの重さなどを書きだすと関係が分かりやすい。

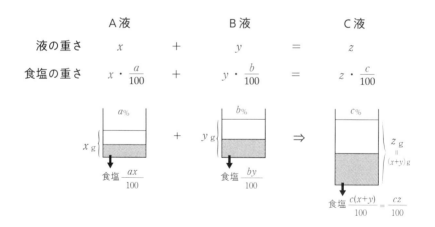

これを基本の図（表）として、問題のバリエーションに合わせて、既知の値を代入して、方程式を作り、それを解けばよいのだが、問題文によって子

どもたちは惑わされ方程式を立てることが容易ではない。教師は子どもたち
に理解させようと必死に説明を繰り返す。それでも正答率はなかなか上がら
ないのが現状である。

　文部科学省はこういう実態を憂えて、数学の授業時間を増やすのではない
かと期待しているのだが、最近では期待とは逆に、そういう問題は難しすぎ
るので子ども全員を対象にした取り扱いはしなくてよいということにしてし
まった。

　教科内容の精選とか厳選とかいう名のもとに、教科書から面白い問題がど
んどん減らされていった。内容が少なくなって子どもたちの理解が進み、正
答率が上がったかといえば、全くそうではない。教科内容の水準に合わせ
て、子どもたちの努力や頑張りも下がるからである。子どもたちには少々抵
抗のある問題であっても、それに挑戦する気持ちや態度を養わなければ学力
は低下するばかりである。

　学習における「ゆとり」とは、豊かな内容の問題解決を時間的にもゆとり
を持って取り組ませるということである。内容を少なくし、程度を下げて易
しくし、そして時間も少なくして簡便に問題解決を図ろうとする風潮は改め
なければならない。

6　数の拡張 （無理数）

　岩波新書に『零の発見』（吉田洋一）という本がある。高校１、２年生の頃読んだ。そこには、人類が ０（零）という数字を発見するまでには相当な時間を要したことや、０を使うことによって記数法が容易になり、計算や思考法が飛躍的に伸びたということが述べてあった。この本を読むまでの僕には、０がそんなに有能なという数字であるということは考えたことがなく、当たり前に存在する数字であった。まして「発見」などという大げさなことかと思ったりした。

　しかし、数について考えていくと、人類の問題解決能力というものに驚かされる。１より小さな数が必要になれば小数を、０より小さい数が必要になれば負の数を作ったし、何かを分けるというときに分数というものを作り出した。これらは「発見」というより、必要に応じて人類が考え出した創作物で「発明」というのが相応しい気がしている。

　小学校で自然数、分数、小数を学習し、中学校で初めて負の数というものを知り、整数の範囲が拡大された。これらを合わせて有理数という広大な数の世界を広げることとなった。しかし、有理数を真に理解するには無理数という概念が必要である。面積が１㎠の正方形の１辺は１㎝であるが、

> 面積が２㎠の正方形の１辺は何㎝か

という問いに、人類はとまどったのである。面積が２㎠の正方形は簡単に作図できるので、その存在は明らかだが、１辺の長さを小数や分数などの有理数で表すことは不可能であることに気づいたのである。もっとも近似値はいくらでも求めることはできるし、その値に近い分数もないわけではないが、きっちりとした数の解がなかったのである。そこで、平方して２になる数を$\sqrt{2}$と表すようにしたのである。そして、それらの数を無理数と呼ぶことにした。

$x^2 = 2 \Rightarrow x = \pm\sqrt{2}$

有理数と無理数の違いは、有理数は分数で表すことができるが、無理数は分数で表すことができない。それはとりも直さず、分数で表される数は小数に直すと、

対角線が 2 cm の
正方形の面積は 2 cm²

有限小数（例 $\frac{1}{5} = 0.2$） か 循環小数（例 $\frac{41}{333} = 0.123123123\cdots$）

になるのだが、無理数は近似値を求めても循環しない無限小数になる。

　無理数は平方根のほかに3乗根、4乗根、……などと無数にある。そして、有理数と無理数を合わせて、実数という数の世界が開けてきた。

　以前の教科書には「$\sqrt{2}$ は無理数であることを証明せよ」という問題が出され、背理法なる方法で証明していたのだが、今の教科書（平成25年）には、そういう証明などはすっかり影をひそめてしまった。循環小数を分数に直すということも前の教科書にはあり、子どもたちに考えさせると、高校で学習する数列的な考えをする生徒も出てきて面白いものであったが、子どもへの負担軽減という名のもとになくなってしまった。

　この後高校では、平方して負の数になるような数を学習することになる。二次方程式の解の公式で、$\sqrt{\ }$ の中の $b^2 - 4ac$ が負になるという方程式が存在するらしいということは中学校でも薄々感じていることであったが、中学校ではそういう答えが出たときは「解なし」とするか、もともとそういう方程式は提示しないという配慮があったのである。

　人類は、またしても平方して -1 になるようなとんでもない数 i を創造したのである。この数を実数に対して虚数といい、数の世界は複素数にまで広がっていくことになる。実際にはないような数をどんどん創りだして（その行為は発見なのか発明なのかわからないが）、今度はそれを駆使しながら新たな数学を展開させていくのである。こういう行為を繰り返しながら数学は飛躍的な発展を遂げてきたのであった。人類の英知の素晴らしさには驚くばかりである。そういう感動を子どもたちに伝えていくことも、数学教育の大切な役割である。

7　関数

　関数の学習で大切なことは、事象の中に伴って変わる二つの量を見出し、その変化や関係を表やグラフ、そして式に表すことである。私たちの生活の中には、一方が変わればそれに伴って変わるという事象がたくさん存在する。それらはどのような変わり方をするのか、無規則なのか規則性があるかなど調べていくのが関数の学習である。

　小学校では、伴って変わる量の代表として、正比例と反比例を学習する。

　中学校では、正比例・反比例の変域を負の範囲まで広げて学習するとともに、一次関数と二次関数について学習する。

　中学校での正比例・反比例の学習は、小学校の学習に比例定数や変域を負の値までに拡張したもので、今まで右上がりのグラフであったものが、右下がりのグラフになったりする。一方が増えれば他の一方も増えるという日常的感覚で捉えていると間違いを起こす。

　僕の小学校での記憶は、

　「増えれば増えるというのは正比例、増えれば減るというのは反比例」

　というものであった。正比例・反比例のひとつの特徴ではあるが、全く厳密性がない。比例の意味を捉えていないのである。中学生になってもその概念が言葉として残っており、様々な間違いを起こした。一次関数でさえ正比例や反比例になってしまうのである。小学の時から、

> 伴って変わる2つの量があって
> 商が一定であれば正比例　$\dfrac{y}{x} = a$
> 積が一定であれば反比例　$x\,y = a$

　と定義に従って正しく捉えさせておくことが大切である。中学校では a の値が負になることもあるので、一方が増えれば一方は減るという正比例もあ

るわけである。

　中学校での一次関数の学習は、関数概念を養う場として、そして、その後の関数学習の基礎的能力や態度を培う場として最も大切なところである。

　一次関数の事象は生活経験の中にたくさん見られるので、導入は比較的たやすい。

　　［例］図のように3cmの高さまで水の入った水槽に2分間で1cmの割合で
　　　　　高くなるように水を入れることにした。x分後の水の高さを$y$cmと
　　　　　するとき、xとyの関係は、

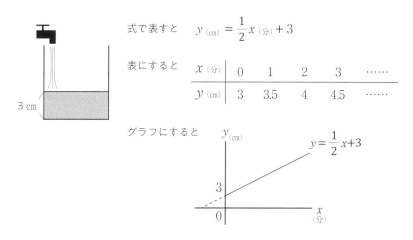

　これらの学習を通して、ある事象を例えば時間と深さの関係として数理的に捉えることや、それを視覚化する図としてグラフに表すことなどのよさを知ることになる。そして、一次関数 $y = ax + b$ のグラフは直線になることを確認していく。

　これまで述べてきたように、関数の学習では式・表・グラフを三位一体として、それらを関係づけながらしっかり観察していく態度を育てることが大切である。

　例えば、
　　・グラフが直線になるということは、表のどこに表れているか。(その見

方は？）
・式の $y = ax + b$ の a や b は、表のどこに表れているか。（その見方は？）
・式の $y = ax + b$ の a や b は、グラフのどこに表れているか。（その見方は？）

など、式・表・グラフの３つを関係づける問いを、教師はたくさん用意しておきたい。

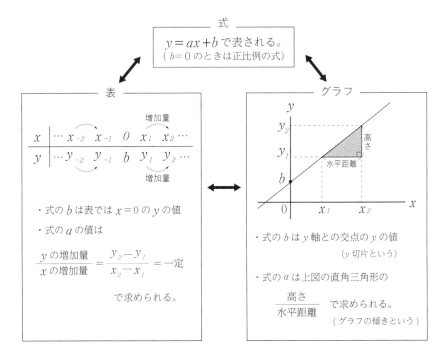

もう一つ重要な概念に変化率がある。変化率とは x の増加量に対する y の増加量の比の値のことである。

$$\frac{y の増加量}{x の増加量} = 変化率$$

一次関数ではこの変化率がいつも a と等しくなり、それがグラフを書い

たときの直線になる根拠になるのだが、そこではとりもなおさず直線の傾きになっていることに気づかせたい。二次以上の関数ではこの変化率が場所によって変わることから、グラフでは曲線になることを感得できるのである。

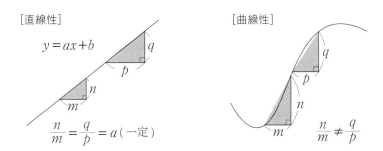

これらは表からすぐに判断することができる

　関数学習の活用では、日常生活や理科の実験観察などで得られたデータをまとめて、２つの量間の対応や変化に規則性があるのかどうか、その因果関係や相関関係などを考察する意識や知識・態度が重要になってくる。こういう意識や態度こそが問題解決の基本的な能力になっていくのである。
　ただ、このとき留意したいのは、実験データには誤差が含まれ、近似値であることから、座表などにデータをプロットしながら大局的に考察する態度が必要である。
　中学校の関数の学習は、一次関数から二次関数へと進む。昭和40年代までは、

　　一般式　　$y = ax^2 + bx + c\ (a \neq 0)$

について学習し、放物線の頂点の座標や二次方程式の解とグラフの関係、あるいは最大値・最小値などを学習するかなり高度なものであった。
　しかし、「落ちこぼれ」とか「いや、落ちこぼし」などという言葉が話題になる中、中学生には難しいということで、一般の二次関数の学習は高校の内容になってしまった。

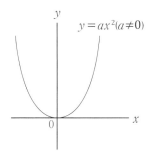 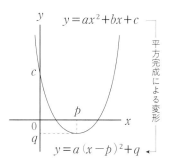

現在、中学校では、

$$y = ax^2$$

の学習に限定されている。おかげで関数の授業が極端に面白くなくなった。難しいからやめるのではなく、難しいから分かるように教えていく時間の設定と教師の気概と努力が必要なのである。

どうもその頃から、日本の数学の学力は落ちていったような気がしている。子どもの伸びる能力を低く設定したのである。その後、全員が分かり、満点を取れるようにというような配慮からか、教科内容が少なくなり、易しくなった。教科内容の精選とか厳選とかいう名目で教科内容が貧弱になったといってもよい。

そういった配慮で全員が満点を取れるという幻想は捨てた方がよい。子どもたちを教えてきた僕の経験からすると、内容を下げても教室の1割弱は理解が困難な子どもがいるのが現実であり、その代わり本来はもっと伸びるはずの子どもたちが低い内容や程度のところで抑えられ、持てる能力を発揮できないでいる。結果として、全体的に学力の水準が低下したと考えている。

個々の児童生徒の学力差に対応する教育は、もっと別な手法で充実させるべきであって、内容を一律に下げたり省略したりすることは、全体の学力低下につながる。

8　図形（幾何）

　幾何という言葉を聞かなくなった。最近では「図形」といっている。文字どおり図形についての学習ということなのだが、図形の成り立ちや歴史から考えると「幾何」という言葉は捨てがたい趣がある。

　英語では「geometry」というが、ギリシア語ではgeoには土地、metryには測るという意味があるという。土地を測ること、すなわち測量という意味合いになる。古代文明は大きな河の流域に栄えた。大河ゆえに洪水が起こり、上流からは肥沃な土が運ばれ、その土を利用して農業が発達し、文明が発展してきたといわれている。しかし、その洪水により境界の分からなくなった土地の測量や洪水を防ぐ土木工事などが必要となっていた。

　土木工事や測量の技術には図形の研究が欠かせないものとなっていき、図形の学問が「geometry」といわれるようになったようだ。中国語の「幾何」もいくつあるかという意味合いで、geometryと共通するものがある。

　幾何（図形）の研究は、人類の生活とともに発達してきた生活文化であるといってもよい。

　これらの成果を『原論』という本に体系的にまとめたのが、古代ギリシアのユークリッドという人であった（グループ名であるという意見もある）。今から二千数百年前のことである。私たちが小・中学校で学ぶ「図形」のほとんどはこのユークリッド幾何から発している。

　ユークリッド幾何では最初に定義とか公準などという、分かるようで分からない言葉が出てきて驚かされる。例えば、

　　・「点とは部分をもたないものである」
　　・「線とは幅のない長さである」
　　・「線の端は点である」
　　・「直線とはその上にある点について一様に横たわる線である」

などとたくさんの定義が羅列してある。今まで何気なく使っている「点」や「線」などという概念が、こんなふうに言われると煙に巻かれたようで、かえって分かりにくく、とまどってしまう。

中学校の教科書にも、図形の最初には定義らしい言葉が書いてある。

「真っすぐな線のことを直線といいます」

「直線は真っすぐに限りなくのびている線です」

「２点を通る直線は１本しかありません」

これらのことを学ぶ生徒の方は、「分かり切ったことをなぜ、さも大事そうに教えるのか」と退屈で仕方がない。教える側の教師も「定義とは大切なものだ」と言いながらも、「どう教えようもない、教科書の言葉を読ませるしかない」ということになってしまう。例えば、「真っすぐな線」ということはどう説明すればよいのかなかなか難しい。

ユークリッド原論の第５公準に「平行線」のことが出てくる。僕にはなるほどと分かる説明なのだが、これは公準にしなくとも証明できるのではないかとかいう論争があるらしい。この平行線の公準から「三角形の内角の和は180度」という公式が導き出されるのだが、第５公準を否定する人たちからは、「三角形の内角の和は180度より小さい」という説を聞く。そうなると、定義とか公準はとても重要で厳密に教えなければならないのだが、先に述べたようにそれがなかなか難しい。

日本の義務教育学校では、このユークリッドの幾何を下敷きにした学習内容になっているから、ある面安心して学び、教えることができる。ここでは、僕が学校で学んできた幾何について述べてみたい。

幾何の学習では図を正確に描く力が必要である。最近の入試や参考書などの図形問題は、図が出題者からすでに与えられ、記号も付された至れり尽くせりの問題が多く、文章の読み取りも比較的簡単になっている。僕の大学受験の頃までの幾何の問題は、文章だけの問題で、図は自分で描いて、しかもそれを証明しなければならなかった。図の描き方で証明は簡単になったり、

第2章　中学校時代の数学　125

複雑になったりするので、題意に合い、しかも簡単に証明ができる図はどう描けばよいかということが一つの能力でもあった。

　三角形を描くにも、鋭角三角形に描いたか、鈍角三角形に描いたかによって垂線などの下ろし方が複雑になる。正三角形などを使うと証明はとても簡単になるが、こういう特殊な三角形は一般性がなく、証明の図としては適当ではない。証明には断りがない限り、一般的な三角形や多角形が想定されているのである。

　円を描いて証明する問題は図の描き方によって、ことさら易しさや難しさが際立つ。僕の大学入試の幾何の問題は、円に内接する三角形の証明問題であった。大学入試ではコンパスなどの持ち込みができず、フリーハンドで図を描かなければならなかった。自分では文章どおりに図を描いたつもりだが、円に内接する三角形が鈍角三角形になってしまい、証明に苦労した。後日の新聞の解答例には、鋭角三角形でやすやすと証明がなされていた。円周上にある任意の点の取り方で内接三角形の形が違っているのであった。

　こういう問題では受験者も大変だが、採点者はもっと大変であろう。受験者の描いた図を吟味し、それに基づいて証明がきちんとなされているか、一つひとつ確かめていかなければならないからである。満点ではないが、ここの部分では点数を与えることができるなどということは、受験者にとっては有り難いことである。

　自分が教師になって分かったことであるが、生徒の証明過程を読んでいく採点は本当にしんどいものである。だが、生徒の思わぬ素晴らしい証明に出くわすこともあり楽しいものでもある。教師はできるだけ子どもたちの考え方の良さや努力を見抜いてやる力や、点数を与える度量を磨いていかなければならないと思ったことであった。

　昭和時代の図形の授業では、コンパスと定規（三角定規や分度器を含めて）が必需品で、図を描くこと自体が図形の学習の一部をなしていた。今では教科書に図が描いてあり、その図に書き込ませる手法も目立ってきている。そういう教科書がよい教科書だという評価もないではないが、図形教育の目的からすると一つの堕落であると考えている。条件に合った図を正確に描くこ

とが、子どもたちに正しい推論と証明を導き出させるのである。

　図形の描き方によっては、次のような面白いというか驚くような結果を導き出すことがある。これらは図を正確に描くことによって解決される。

Ex1　すべての三角形は二等辺三角形である。

∠A の二等分線と BC の垂直二等分線の交点を P とする。
点 P から辺 AB、辺 AC に垂線 PH、PK を下ろす。

△APH ≡ △APK

∵ $\begin{pmatrix} AP=AP \\ \angle PAH = \angle PAK \\ \angle AHP = \angle AKP = \angle R \end{pmatrix}$

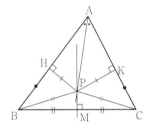

だから PH=PK ……①
　　　　AH=AK ……②

△PBM ≡ △PCM

∵ $\begin{pmatrix} BM=CM \\ PM=PM \\ \angle PMB = \angle PMC = \angle R \end{pmatrix}$

だから PB=PC ……③

次に △PHB ≡ △PKC

∵ $\begin{pmatrix} ①より　PH=PK \\ ③より　PB=PC \\ \angle PHB = \angle PKC = \angle R \end{pmatrix}$

だから HB=KC ……④

　　AB=AH+HB
　　AC=AK+KC
②と④より
　　AB=AC

> **Ex2** 直角を2つ有する三角形がある。

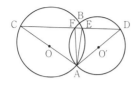

2つの円Oと円O'が点ABで
交わっている。
円Oの直径ACの点Cと
円O'の直径ADの点Dを結び
円Oとの交点をE
円O'との交点をFとする。
∠AEC=∠R（円Oの直径に対する
　　　　　円周角）
∠AFD=∠R（円O'の直径に対する
　　　　　円周角）
だから
△AEFは2つの直角をもつ

> 投影図

投影図は、昭和40年代頃には力を入れていた。立体を平面に表す手法として、平面図や立面図、そして側面図などを描いて、立体の性質を学習していた。

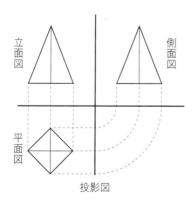

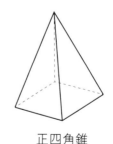

正四角錐

実長はどこに表われているか

最近は、こういう学習はめっきり影が薄くなってしまった。日常生活の中で実際に使う場面が少ないということも理由の一つであろうが、授業時数が少なくなったからというのも内容削減の理由である。

　投影図から実際の立体を想像し、形や長さを求めていく作業などは、根気はいったが追及する過程は面白いものであった。コンピュータの発達した今日では、そういう図形はたちどころに立体化された図として画面に映像として表示されるので、学校で学ぶ必要はなくなっているのかもしれない。しかし、そういうコンピュータの画面を作るのは人間の手によるものであるから、人知の素晴らしさを共有する教材として残しておきたいものである。

　昔の学生は、幾何の学習を通して論理性を学んでいるという感慨を持っていたので、案外幾何は好まれていた。その頃の幾何はユークリッド幾何そのものであったからか、がっちりと固定された揺るぎのない論理構成がなされており、三段論法などの方法や表現法を会得するのに格好の教材であった。まずは、そういう基本的な思考や手法を学ばせていきたい。

　現在の学校教育では、表現力の育成ということが求められており、しかも変化の激しい時代の事象に対応するためにはスピーディーさも求められる。そのためには、論理的に破綻がない的確な文章や説明、情報の収集と整理、それを分析・評価する力など、数学の学習で培われるものが多い。

　そして、文も、グラフや図も、絵や音も表現法の一つであり、これらを関係づけて考えていくことの能力が表現力を一層高めることにつながっていくのである。

9　ピタゴラスの定理

　僕が小学生の頃、近所に「Kちゃん」と呼ばれる少し変わった年配の男の人がいた。彼は時に独り言を言い、独りで笑い、独りで相槌を打つという特技を持っていた。そういうときの彼は忘我の境地にあり、誰が話しかけようと知らん振りであった。ところが、時には僕の父などに会うと、きちんと丁寧な挨拶をするのであった。

　夕方、辺りが薄暗くなった頃、鍬を担いだ彼に会うことが度々あった。どこに行くのかと聞くと「田を耕しに」と返事するのであった。彼が田圃に着く頃には、もう真っ暗になっているだろうにと思われるのだが、そんなことはちっとも構わないようであった。

　彼は若い頃は話し好きの快活な青年であったらしいが、兵隊から帰ってきたとき心身に変調をきたしていたという。

　ある日のこと、僕は縁側に食台を出して勉強をしていた。そこへKちゃんが来たのであった。Kちゃんは父と話をするのが若い頃から好きだったらしい。きょうのKちゃんはまともであった。父と何やら昔のことを話していたが、僕が勉強をしているのを見ると「何を勉強しているとね」と聞くので、「算数」と言うと、

　　「俺がね、学校に行っていた頃、ピタゴラスの定理というものを習った。
　　直角三角形の辺に正方形を描くと、2つの正方形の面積を足せば、一番長
　　い辺に描いた正方形の面積と同じになる定理じゃった。まこち不思議な定
　　理じゃった」

と話してくれた。ほかならぬKちゃんが話すことなので、それが本当のことなのかどうか半信半疑であった。明治生まれで小学校しか出ていなかった父は、ピタゴラスの定理なるものを知らなかった。しかし、

　　「Kちゃんは、旧制の中学校に行っていたからまこつの(本当の)ことじゃろ」

と父は言った。その時初めて、Kちゃんの素性を知ったような気がした。そういえばKちゃんは、中学校に行けるくらいの分限者どんの息子であった。

僕は、Kちゃんが覚えているというピタゴラスの定理に興味を覚えた。学校の図書室で調べると、次のような図があり、なるほどと思わされた。

Kちゃんの話を図に表すと、下図のようになる。

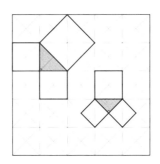

不思議な定理であった。というより、どうして世の中や自然界の中にこうした整然とした法則があるのか、そして昔の人はどうしてその存在に気づいていったのか、興味が尽きなかった。この定理の発見は古代エジプトにまで遡るということを知って、さらに驚いた。

そして古代エジプト人は、直角を作るのに、等間隔の印をつけた縄を3：4：5の長さのところで三方に引っ張ると、その一角に直角ができることを知っていたらしい。

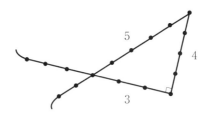

Kちゃんの話を代数的に表すと、

> 直角三角形の直角を挟む辺を a, b、斜辺を c とすると $a^2+b^2=c^2$ が成り立つ

となる。先の 3 : 4 : 5 の長さを上の式に入れると成り立つことが分かる。

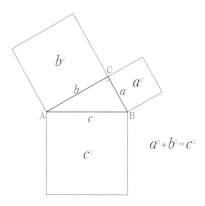

さて、その証明であるが、僕が習った教科書の証明は、幾何学的な証明で、面積の等積変形や回転移動を用いていた。

［証明 1］幾何学的な証明の骨子

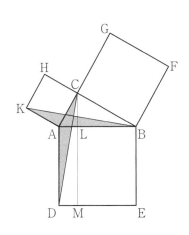

正方形 ACHK＝2△ABK
　　△ABK≡△ADC
長方形 ADML＝2△ADC
　　　　　　＝2△ABK
　　　　　　＝正方形 ACHK

同じようにして、
長方形 LMEB＝正方形 CDFG
正方形 ADEB＝長方形 ADML
　　　　　　　＋長方形 LMEB
　　　　　　＝正方形 ACHK
　　　　　　　＋正方形 CBFG
∴　$AB^2=AC^2+BC^2$

その頃の僕には、論理の進め方が複雑すぎてストンと腑に落ちる証明ではなかったが、証明することより、定理を使って問題を解くということに面白みを感じていた。

　高校では、1年生の数学には代数と幾何があり、どちらも1冊の教科書になっていた。数Ⅰ幾何の教科書での証明も中学校と同じ図が描いてあり、もうこの定理を証明する意欲はなかった。後年、『ユークリッド原論』という僕には高価すぎる本を買ったのだが、その本にも同じ図で証明があった。歴史的には、原論の方が先で教科書が後になるのであろうが。

　ピタゴラスの定理についてもう少し勉強してみようと思ったのは、実は教師になってからであった。僕が教師になった時の教科書には、「ピタゴラスの定理」という言葉はなくなり「三平方の定理」という名に変わっていた。理にかなった命名であるとは思ったが、ピタゴラスという人類の歴史を感じさせる命名の方が僕にはしっくりとしていた。

　また、教科書の証明もまことに合理的で、三角形の相似比の組み合わせを操作して、結果的に $a^2 + b^2 = c^2$ を出現させるという証明の仕方は簡単ではあったが、古代の人々が発見した直角三角形の面積にまつわる発見や不思議さといったものが感じられなくなっていた。

　子どもたちに興味関心を持たせるためには、定理に関する歴史や証明の話題等について教師の補足が必要である。そういう力量を教師は持ちたいものである。

　ピタゴラスの定理については、様々な証明法があり興味が尽きない。これに関する出版物も多く出回っている。僕が重宝しているの

［証明2］代数的な証明の骨子

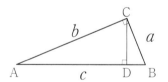

C より AB へ垂線 CD を下せば
　　△ABC ∽ △ADC
∴　AB：AC＝AC：AD
すなわち　$b^2 = c \cdot AD$
同様に、△ABC ∽ △DBC から
　　$a^2 = c \cdot DB$
二式を加えて
　　$a^2 + b^2 = c \cdot (AD + DB) = c^2$

は少し古い本だが、大矢真一著『ピタゴラスの定理』(東海大学出版会) である。古今東西の証明や考え方が網羅されていて、読むだけで楽しくなる。江戸時代に盛んになった和算でもこの定理は重要視されて、円周率の計算など様々な問題解決に利用されていたことが描かれている。

ピタゴラスの定理は、数学史としても面白いし、人類の英知を知る上でも大いに役立つ。

また、$a^2 + b^2 = c^2$ という整った式の形式美などについても触れておきたいものである。

ピタゴラスの定理は、直角三角形の各辺を一辺とする正三角形や半円などについても成り立つ。こういったことを子どもたちに自由研究として取り組ませるのも面白いであろう。

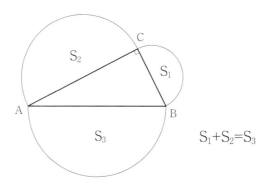

10 証明法の定着

　ある時、大卒の採用試験のために中学校で学習する程度の簡単な証明問題を出したことがあった。次のような問題であった。

（問い）池の幅を測るために、図のように池の両側に点A、Bをとり、草原の中に点Oを決め、AOの延長上にAOと同じ長さとなる点Cをとり、同じようにBOの延長上に点Dをとった。そしてCDの長さを測ればよい。これを証明しなさい。

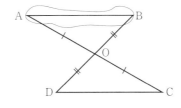

　中学校の証明問題としても基本中の基本というぐらいの一番簡単な問題であり、多くの受験者が正解し、採点もしやすいであろうと踏んでのことであった。ところが、この目論見は完全に外されてしまった。結果は見るに無残、出来の悪いことこの上なし、求めていた証明には程遠いものであった。
　現役の中学生ならいとも簡単に、次のように証明をしてくれるだろう。

△AOBと△CODにおいて、
　仮定より　AO＝CO
　　　　　　BO＝DO
　また、∠AOB＝∠COD
　　　　　　　　（対頂角）

2辺とその間の角がそれぞれ等しいので、
　　△AOB≡△COD
だから
　　AB＝CD

中学校で学習して以来、高校、大学と7、8年は経っており、しかも受験者は文系が多かったから仕方がないとも考えたが、それにしても出来が悪過ぎるのであった。ある受験者は、この程度のことを大卒対象に出題するのがおかしいと思ったのか、

「自明である」

とあった。昔、手も足も出ない問題を証明するときによく使われた回答の仕方で、本当に分かっているのかどうかは分からない。ほかには、

「二つの三角形は等しいから」

「二つの三角形は同じであるから」

「二つの三角形が合同であるから」

などがあった。出題者としては、なぜ合同なのかを証明してほしいのだが、年を経るとそんなこと当たり前だという感覚なのかもしれない。

確かに証明問題というのは、学習段階によって証明する内容や仕方（あるいは求められる解答）が違ってくる。例えば、

「(問) 二等辺三角形の底角は等しいことを証明せよ」

という問題があったとき、

「小学校でそう習った」「これは定理である」

と書けば証明したことになるのだろうか。

どこまでを回答として求められているのか、判断を要することである。となると、大学生や大人には僕が出題したこの種・この程度の証明問題は出題できないのであろうか。受験者の中には、説明文らしく長々と書いてくれているものもあった。例えば、

> ＡＯはＣＯと同じ距離であり、ＢＯはＤＯと同じ距離にあります。角のＯと角のＯは頂点が同じですから、角Ｏと角Ｏは等しくなります。これは２つの辺と１角が等しくなるので、同じ三角形になります。だからＣＤの長さを測るとＡＢの長さに同じになります。

などのような書き方なのである。これは、まあよく書いてくれている方だ

が、正確でない表現がたくさんある。出題者からするとこれは説明文という
より散文に見える。

　文章による説明は、最初から最後まで読んで、回答者の意図を読み取って
いかなければならず、採点は大変な作業になってしまった。

　数学の特徴の一つは、記号化して物事を表現し、形式的、合理的に論理を
展開していくことにあるのだが、受験者の回答を見る限り、大学生でも論理
的思考や表現が定着していないようである。中学校で数学を教えた者として
は大学生のこのような実態に、自分は一体何を教えてきたのかと落胆する思
いであった。図形の証明については、合同条件や相似条件などを導き出し、
それを使う証明の形式や手法を徹底して教えてきたつもりであったのだが、
こうも急速に忘却されようとは思いもしなかったのである。

　採点にひどく悩まされた僕は、もうこういう記述式の証明問題は絶対に出
さないぞ、と決心した。意に反するが、センター試験のような虫食いの証明
問題くらいが適当なのかもしれないなどと思ったりした。

第3章 高校時代の数学体験

昭和30年代中期

1　因数分解

　工業高校に行くつもりが、直前の進路変更で普通科の高校にいくことになった。入学してみると、学校は成績優秀な者を集めた特別クラスを編成しており、当然のことながら僕はそのクラスには入っていなかった。特別クラスは見るからにキラキラ光っているのに、我がクラスはほの暗さの中にあった。そういうことからか、僕にも少しは勉強しなければという気持ちが芽生えたのでもあった。苦手な英語の勉強に取り組めばよさそうなものに、何とかできそうな数学の勉強が多くなった。

　1年生の数学の教科書には代数と幾何の2冊があった。僕は入学当初、代数の教科書にある因数分解に夢中になってしまった。中学校でも、

$$(a \pm b)^2 = a^2 \pm 2ab + b^2$$
$$(a + b)(a - b) = a^2 - b^2$$
$$(ax + by)(cx + dy) = acx^2 + (ad + bc)xy + bdy^2$$

程度の式の展開や因数分解を学習していたが、高校の因数分解の難しさと面白さはその比ではなかった。僕は問題集にある因数分解の問題を片っ端から解いていった。解答に1分もかからない問題もあれば、14、15分はかかるものもあった。何分かけても解けない問題もあった。そういう問題に出くわすと、休憩中も、飯を食う時にも、その問題を頭の中で考え続け、解法の糸口を見つけるのに必死であった。そして何かの拍子にひょっと解決の糸口が見えると、何事もさておいて紙に向かい鉛筆を走らせるのであった。

　そのアイディアで解決するかというとそういうのは滅多になく、何回ともなく挫折を味わうことになった。だが諦めず挑戦し続けた。というのは、苦労して因数分解を成し遂げた時の快感は何にたとえようもなく、込み上げる喜びと充実感があったからである。

第3章　高校時代の数学体験　139

　高校で印象に残る展開と因数分解の定理には、次のようなものがあった。

$$(a \pm b)^3 = a^3 \pm 3a^2 b + 3ab^2 \pm b^3$$
$$a^3 \pm b^3 = (a \pm b)(a^3 \mp ab + b^2)$$
$$a^3 + b^3 + c^3 - 3abc = (a + b + c)(a^2 + b^2 + c^2 - ab - bc - ca)$$

　因数分解の最初は試行錯誤の連続である。この方向で解いてみようと頑張るのだが行き詰る、では別な手法でやってみる、これの繰り返しである。そして何とか解決するという、まことに根気のいる計算であった。でもどうしても解決できない問題もあった。巻末の解答を見ると答えだけが載っている。それでその答えを展開してみると、展開の途中で因数分解のヒントとなるものが見つかるのである。そのヒントをもとに、与えられた式を少しずつ変形していくと辻褄が合ってくるときがある。そうなるとしめたもので、因数分解は一挙に解決する。式の展開と因数分解は表裏一体の関係であることが認識されるのはこういうときである。

　因数分解の勉強をしていくうちに、次第にやり方のコツはつかめるもので、試行錯誤の時間が少なくなり、ついには、問題の式を見た途端に因数分解の方法がつかめるようになってきた。やったことのあるような形式の問題や見たことのあるような数式が増えてきたということである。式の型を覚え、やり方を会得しただけで、特段閃きがよくなったというわけでないのであろうが、僕にとっては、それでもうれしいのであった。

　計算を早く正確にするためには暗記ということも大切である。ただ、単に公式そのものを暗記するということではなく、その公式を使えるように暗記することが大切なのである。

　数学ができる人は勘や閃きがいい人という見方もあるが、できる人というのは、それまでにたくさんの問題に当たってきた人ということである。僕は大学で、そういう素晴らしい人にたくさん出会った。式を変形するときにも、僕なら一段ずつ進めなければ分からないが、そういう人は三段先の式をこともなげに書いていくのであった。驚嘆すべき力である。彼らは日頃から数学への取り組みを、僕などより遥かに超えて努力しているのであった。

とは言っても、大学の数学ぐらいになるとその人の持つ天性の才能といったものを感じることもある。それは、それまでの努力の集積がもたらす結果としての才能であることに違いないのだが、恐ろしく天才的な閃きや数学的センスを持った才人もいるものである。そういう人を大学時代に幾人か知って、その才能にほれぼれし、時には畏敬の念を感じることもあった。

　京都大学の心理学の教授であった河合隼雄は、高専時代数学が好きで成績もよかったので京都大学の数学科に入ったが、数学を学問として研究する人材にはとてもなれないと感じて、心理学の道を目指すことにしたという。数学者になるには特有の素質が要りそうである。

　僕は因数分解に挑戦することによって数学の面白さを知った。高校１年の日曜日の午前中は数学の勉強に費やした。そのことが、その後の学習に大いに役立ったと思っている。学校で習う数学や受験数学の多くは、式を変形したりまとめたりすることによって解が得られるというものが多く、因数分解は非常に有効な解法手段である。要は因数分解の段階にとどまるのではなく、他の問題解決の中で使えるようにしていくことである。

　高校時代の僕の勉強の中心は教科書であった。教科書を何遍も読み、教科書の問題を時期を隔てて何回も繰り返し解いた。すると後には問題を見ただけで、解答の道筋が分かるようになった。僕の数学の基礎的な力はこうした学習の反復で付いてきたようなもので、凡才は繰り返しで何とかなっていくもののようである。

　このように、数学には自分なりに力を入れていたのだが、高校２年生になる時、僕は何の脈絡もなく文系のコースを選択していた。選択したという意識はなく、なんとなくその方向に流れていったという感じであった。

　その頃、高校では国語・数学・英語三教科の成績で学級編成をするといわれていたが、僕の成績は関心をもたれるとか期待されるとかいうことの枠外にあったし、部活動の合唱に傾注していたので、当然のごとく文系コースになった。このコース決定が大学受験の時に大きな問題になったのは、先述したとおりである。

第3章　高校時代の数学体験　141

2　判別式

　高校数学ではというべきか、受験数学ではというべきか分からないが、二次方程式の判別式の役割はたいしたものである。問題が作りやすいのか、大学受験問題に出ないことはないくらいの頻度の高さである。

　判別式は、

　二次方程式　$ax^2 + bx + c = 0$　の一般解である

$$x = \frac{-b \pm \sqrt{b^2 - 4ac}}{2a}$$

　の$\sqrt{}$の中の

　　$b^2 - 4ac$　（$=$D）

を判別式といい、二次方程式の解を判別するものである。

　　D＞0であればこの二次方程式は2つの異なる実数解を持つ

　　D＜0であればこの二次方程式は2つの異なる虚数解を持つ

　　D＝0であればこの二次方程式は1つの実数解（重根又は重解）を持つ

　二次方程式の学習では　$y = ax^2 + bx + c$　の<u>グラフ</u>とこの<u>判別式</u>を対比させることが大切である。

　特に放物線とx軸（$y = 0$）との交点に注目させると、解の意味や判別式と二次方程式の解との関係が手に取るように分かってくる。

　二次関数　$y = ax^2 + bx + c$　（$a \neq 0$）で知っておきたい知識や技能は、

　・aが正であれば放物線は下に凸、負であれば上に凸

　・y軸（$x = 0$）との交点（y切片）はc

　・頂点の座標：放物線の軸は$x = -\dfrac{b}{2a}$（これを式に代入してyの値を求める）

　・判別式によって、x軸との交点が2か所か、1か所か、0か

　などである。こういう一連の流れをつかんでいれば、問題解決はスムーズになる。

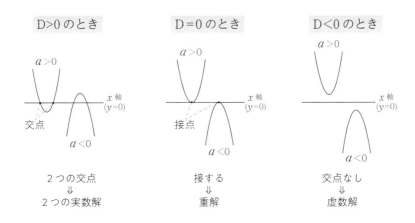

　昭和の時代の中学校では、一般の二次関数が教えられ、放物線のグラフを描いたりすることを習得していなければならなかった。だから、高校で習う判別式とグラフの性質や関係も理解しやすかったのだが、現在は一般の二次方程式や二次関数は高校になってから学習するようになっており、授業時数に対して内容が多く、高校1年になって、判別式などの理論的なことが次々と波のように押し寄せ、理解が追いつかない高校生も多いようだ。

　僕は一時期、私立の高校に勤めたことがあって、そこで成績の振るわない生徒を少なからず見てきた。そういう生徒は、物事を関係づけて理解することが苦手のようであった。教師の方も業を煮やして「高校生になってもなんでそういうことが分からないのか、公式に当てはめれば簡単ではないか。公式を覚えよ、公式を」という指導が普段に見られた。そういう高校生に公式

を覚えさせても、物事の関係性が分からなければ、どういうときにどのように活用するのかさっぱり仕方が分からない。単に教え込み暗記させても生徒はできるようにならないのであり、生徒が分かるように教え方を工夫する必要がある。

3 指数法則と対数

　高校数学で案外面白かったのは、指数法則と対数であった。指数の方は、文字や数の乗除に関する指数の性質を調べるもので、特段難しいものではない。乗除の計算なのに、指数は加減の計算になるところが面白いといえば面白い。

　指数法則の中で高校生がとまどうのは、

　　$a^1 = a$　ということや　$a^0 = 1$　になるということである。

　ある工業高校の授業参観でちょうど、

　　a の 0 乗はいくらか

という授業をされているのに出くわしたことがあった。新米の先生は生徒たちに最初は、

　　「いくらになるか、予想しなさい」と聞かれていたが、生徒たちは、

　　「0になる」「a になる」といって、肝心な 1 という答えを予想しないのであった。

　先生は困ってしまわれて、自ら「1 になるんだよ」と答えを言ってしまわれた。

　もう少し時間をかけて子どもたちに考えさせられるか、ヒントを与えられれば、生徒たち自身で解決できそうなのに、と僕は少し残念であった。ところが生徒たちは、

　　「どうしてですか」と先生に質問を返してきた。

　そこで先生が明快に説明してくだされればよかったのだが、参観者がいたために上がってしまわれたのか説明がうまくいかず、最後はうやむやになり、「とにかく 1 になると覚えておけ」と言われて練習問題に移ってしまわれた。生徒たちはがっかりしたような少し先生の力を見くびったような表情を浮かべながら、練習問題を解き始めた。僕も内心がっかりであった。

$A^m \div A^m$　は同じ数を同じ数で割っているので答えは 1

このわり算を指数法則で計算すると　$A^{m-m} = A^0$　となり、

　$A^0 = 1$

基本に帰れば、なんでもないことである。だが、$1^0 = 2^0 = 3^0 = \cdots\cdots = 1$ という状況はめったに出会わないものであることから、とまどってしまうのである。

中学校では、指数は自然数の範囲なのだが、この指数法則を学習すると、指数が 0 のときもあるし、負の数になるときもある。具体的なわり算を想定して考えると指数が負の数の時の状況は分かりやすい。

$\dfrac{3^3}{3^5} = \dfrac{1}{3^2}$ である。これを指数法則で計算すると、

$3^3 \div 3^5 = 3^{3-5} = 3^{-2}$

だから、　$3^{-2} = \dfrac{1}{3^2}$

$a^{-m} = \dfrac{1}{a^m}$　（ただし　$m > 0$）

指数が整数の範囲にとどまってくれるといいのだが、分数の範囲にまでも広がってくると何乗根の世界になる。例えば　$a^{\frac{1}{2}} = \sqrt{a}$　となり平方根を表すことになる。

指数の範囲が広がっていくと、指数を対象にした「**対数**」という考え方が導入される。

僕は高校生になって初めて対数を習った時、数学者とはこんなことまで考えるのかと驚き半ばあきれた。素晴らしい工夫というか、発明・発見である。対数は、かけ算・わり算である計算を対数を使うことによって、足し算や引き算の計算に直すことができる便利で面白いものであった。

　$a^x = b$　$\Leftrightarrow$　$x = \log_a b$

と log を定義すると、面白い公式が次々と導き出されるのであった。それらを証明するのは楽しい。

例えば、

$\boxed{\log_a 1 = x \text{ の } x \text{ はいくらか}}$ という問題があると、
定義に帰って、$a^x = 1$ だから $x = 0$ となる。

$\log_a b$ の a (底数という) を10に固定した対数を考えることも多い。これを常用対数という。学びが進むと、

$$e = \lim_{n \to \infty} \left(1 + \frac{1}{n}\right)^n = 2.7182\cdots\cdots \quad (e : \text{オイラー数、またはネイピア数という})$$

なる e を底数とする**自然対数**も学習する。だが、そもそもこの e という数は一体何なのか、ということが高校の頃あまり分からなかった。e という数は微分の分野で活躍する便利な数というか、驚くべき性質を持った数なのであった。

e^x を微分するとまた e^x になるし、また $\log_e x$ を微分すると $\frac{1}{x}$ となる。

円周率 π は円と直径の関係で必然的に見つけられる数であるが、このオイラー数 e は、微分などの学問を進めていくうちにオイラーなどが発見した人為的な数なのかもしれない。

常用対数と自然対数のどちらかということがはっきりすれば、底数 a を書かないことがあるのでどちらを底にしているのか判断しなければならない。ある試験で、この底数を書かないで問題を出したことがあって、2通りの解が答案用紙に出てきて、自分の迂闊さに赤面する思いをしたことがあった。

対数の性質を応用したものに計算尺というものがあった。構造は簡単なもので、固定尺と滑尺（かっしゃく）があり、それぞれに目盛がついていた。ただ等間隔の目盛ではなく、対数計算による目盛で、値が大きくなるにつれて目盛の間隔は小さくなっていた。かけ算やわり算で用いられることが多く、加減の計算には使われなかった。

滑尺を動かして固定尺と目盛を合わせ、答えとなる部分に移動可能なカーソル線というものを動かし、そこの目盛を読むと

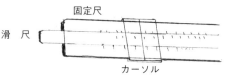

対数の性質を応用した「計算尺」

それが計算の結果であった。

　簡単な計算機であったが、目盛を合わせるのが難しく、また、カーソル線の位置の値を読むのが大変であった。カーソル線が目盛の上であればよいのだが、妙にずれていて、およその値しか読めないのであった。計算尺の弱点は、結果が概数であるということである。ただ、上手な人が計算すると、ほとんど真の値に近い結果を得るという。もう一つは計算尺で得る結果には位が出ないということであった。だから自分で位を見積もり、計算結果を何桁の数にするか考えなければならなかった。

　計算尺は、僕が教師になった昭和40年代には中学校の授業でも取り扱っていたが、習熟させるまでには至らなかった。工業系の高校あたりでは計算尺大会なども開かれていた。中学校で使う初心者用の計算尺は目盛も少なく、見た目には目盛が読みやすいのだが、精確な値は出しにくかった。上級者用のものは目盛も細かく答えをより精確に出すことができたが、目盛を合わせるのに苦労した。

　映画『風立ちぬ』でも出てきたが、「０戦」戦闘機など飛行機などの設計者はこの計算尺を使って計算し、見事な設計図を完成させていたという。だが、対数という高度な理論を駆使した計算尺は一般市民には馴染みがないものであった。

　昭和50年代頃になると、関数計算機などの電子計算器（電卓）が急速に普及し乗除の計算などはたちどころにでき、しかも正確である。電卓は値段もだんだん安くなり、多様な機能を持たせながら小型化し持ち運びも便利になっていった。そうなると、もう計算尺は役割を終え急速に姿を消していった。

4　三角比・三角関数

　昭和の年代には中学校で、三角比の初歩的なものを学んでいた。直角三角形のピタゴラスの定理を学んだ後、sin、cos、tan なる記号が出てきて、なにか一挙に高等数学を学ぶような高揚した気分にさせられたものであった。
　印象に残る公式に、

$$\sin^2 A + \cos^2 A = 1$$

というものがあった。僕には何か不可思議で素晴らしい公式に映った。美しくもあった。数学で美しいと感じることはめったにないことであるが、1になるという神秘さがそう感じさせたのかもしれない。実際は神秘でも何でもなく、定義に従って辺の比をだし、それを二乗すると、ピタゴラスの定理から結果的に1になるのであった。

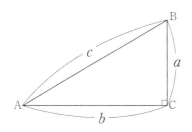

$$\sin A = \frac{a}{c} \qquad \cos A = \frac{b}{c}$$
$$\sin^2 A + \cos^2 A = \left(\frac{a}{c}\right)^2 + \left(\frac{b}{c}\right)^2 = \frac{a^2 + b^2}{c^2}$$

ピタゴラスの定理から
$$a^2 + b^2 = c^2$$
$$\therefore \sin^2 A + \cos^2 A = 1$$

　当時の教科書には、三角比の表が付録として掲載され、これを使って、木の高さや山の高さなどを求めたり、角度を求めたりしていた。そして測量などに応用範囲を広げたのである。
　高校生になると三角比の活用範囲はさらに広がり、公式もだんだん複雑化していった。

$$\sin (90° - \theta) = \cos \theta$$
$$\sin (180° - \theta) = \sin \theta$$

などの公式が次々と出てきて、覚えるのに必死であった。また正弦定理や余弦定理なるものも出てきて、三角形とその外接円の関係や三角形の辺の関係などが式として明瞭に示されるようになった。

もうこの頃になると、直角三角形という枠組みから外れて一般の三角形で考えるようになってくる。そして180度を超える角についても論じるようになって、思考を巡らすのに頭の中はごちゃごちゃと混乱するのであった。

三角形の面積を求める公式も、三角比を使って様々な公式が生まれた。ヘロンの公式もその一つである。便利にはなったが膨大な公式を覚えておかなければならず、問題解決にはどの公式を使うのが有効なのか、見分けるのに苦労した。

普通科における高校数学というものは、どちらかといえば受験のための数学で、ただひたすらに解くだけである。しかも、短時間に解くというのが必須の条件である。だからたくさんの問題を解き、それを頭の引き出しに入れて、試験の問題と類似した問題を引き出しから引っ張り出して解くという、まるで暗記したものを吐き出すという解法態度になってしまうのであった。そういう態度が功を奏するということも事実であった。

三角関数となるとまた新たな概念が入ってきて、頭の中を整理するのが大変であった。今まで角の大きさを角度で示していたものを、ラジアンという弧度法なるものが導入され、いよいよ複雑化するのであった。

円の中心角とそれに対する弧の長さは比例する。だから弧の長さから逆に角度を決めることができる。これを「半径1の単位円で考え、弧の長さθに対する中心角をθラジアンとする」と定義するのだが、慣れないと、どうしてそんなことをするのか、メリットはあるのかなどとすっきりしないのであった。

半径1の円の円周は2πであるので、その時の中心角を2πラジアンとするのである。だから、2πラジアンは度数法で表すと360度ということにな

る。そうすると、π ラジアンは度数法では180度、$\frac{\pi}{2}$ ラジアンは度数法では90度ということになる。

　円で考える三角関数では、原点を中心とする単位円周上の点Pにおける座標を（x , y）とすると、

$$\sin\theta = y \qquad \cos\theta = x \qquad \tan\theta = \frac{y}{x}$$

と定義することができる。

　ここからまた様々な事実が発見され、それらのいくつかが公式として認知されるのであった。その他のこまごまとした事実は証明問題として出題されることが多く、与えられた式を次々と公式を使ったりしながら変形して証明するという単純な証明なのだが、どの公式を使えば証明が容易なのか判断することが大切であった。その判断には、それまでにどのような問題に当たってきたかという経験がものをいった。僕はこの単純さが好きで、何とか最後の証明すべき式までたどり着くのであった。ここでも因数分解の手法が役に立つのであった。

5 微分・積分

　ある数学事典に、「微積分学は連続的変化を論じ、また無限を取り扱うことのできる数学であるということができる。ギリシアの昔において、図形の面積、体積等を算出する場合に区分求積法が行われていた。……」とある。

　区分求積法の手法については中学校時代でも円の面積を求めるとき、円を半径で細かく分けていくと、その一つひとつがを二等辺三角形とみなせる。すると、三角形の面積の求め方で円の面積を求めることが可能であるというようなことを習った。無限とか極限とかいう概念は分からなかったが、感覚的には分かったような気がしていた。

　円錐などの体積も底面に平行な平面で円錐を薄切りにして、その一つひとつを円柱とみなして体積を求め、それらを合わせると円錐の面積になるということも、なんとなく感覚的に分かった。これらが、微積分の基本的な手法や概念なのかどうか定かではなかったが、その当時の僕はその手法に感嘆したものであった。

　高校に入って微分・積分を習ったのは確かだが、微分・積分との出合いはどのようなものであったのか。僕にはあまり記憶がない。高校時代の数学の先生方のご尊顔は思い出すことができるのに、どの先生から習ったのかも全く思い出せないのである。高校2年生時代の教科書数Ⅱを見てみると、最後に「函数の変化率」というわずか20ページ足らずの章があり、導関数や極大・極小などのことが載っている。しかし、目次には鉛筆で×印が付いており、そこは習わなかったか簡単に済まされていたということであろう。

　文系のコースにいたから、大学受験に必要な数Ⅰを除いて、先生方も必要最小限の内容しか教えられなかったのかもしれない。微分に関する一通りは学習していたものの鮮明な出合いがなかったということである。高校3年生でも僕は文系コースにいたが、選択として週3、4時間程度数Ⅲを学ぶコー

スが開設されたので僕はそれを受けることにした。しかし、積分については
ほとんど学習していない。

　関数の極限、関数の連続性、中間値の定理、最大・最小の定理、微分係
数、導関数、平均値の定理、ロールの定理などの定義に始まり、重要な定理
を矢継ぎ早に教えられたような気がしている。重要な定理と書いたが、その
時はそれがなぜ重要なのか、次にどう展開されていくのか、さっぱりつかめ
なかった。

　ところが、高校３年生のある日、進路先を大学の数学科とせざるを得なく
なった時から、この微分・積分が僕に大きくのしかかってきたのであった。
受験準備が万全だからとか、合格ラインにあるから数学科を受験したのでは
なく、どうも行くところが見当たらないから数学科を受験することにしたと
いう、実に無鉄砲な進路決定をしたのであった。

　それまでの僕の数学学習は教科書主体で、教科書に載っている内容を何回
も読み込み理解する、というより暗記してしまう方法であった。練習問題も
教科書の問題を何回も解くというやり方で、答えも暗記してしまうくらい繰
り返した。

　微分・積分について大学の過去の問題を解いてみると、そういうやり方で
は通用しないというか、微積分そのものが分かっていないと痛感させられ
た。僕は本屋に走って、旺文社などの参考書や受験問題集を買い求め、自学
自習を始めなければならなかった。

　その準備はいつ頃から始めたのか自分でもはっきりしないが、夏休み頃か
らであったろうか。はっきり覚えているのは、学校で行われている夏の課外
授業は生物（しかも、遺伝に関する授業の時だけ）を除いて全教科受講しなかっ
たことである。高校の先生からは、大学受験希望者が課外を受けないなんて
何たる奴かと批難された。しかし、自分は自分なりに必要な勉強をした方が
よいと考えたからであった。

　と言うと偉そうに聞こえるが、実は、課外の授業を受けても理解できなかっ
たからであった。人並みに課外にもついていけない、それくらい僕は皆か
ら遅れていたのである。

僕は、三畳にも満たない我が小さな書斎（元は小さな鶏小屋だが、勉強部屋とは言わず書斎と称していた）に座して、汗をかきながら微分・積分との格闘を始めた。だが、少しも頭に入らない、理解できない現実が待っていた。仕方なく僕は、自分の得意な戦術に切り替えることにした。理解できなければ、必要な定理や公式を証明まで丸ごと覚え込んでしまうということである。覚えるのは速いが忘れるのも得意な僕が、暗記をしてその内容を保持するのは並大抵なことではなく、進んでは戻り、戻っては進むということの繰り返しであった。

　冬休みになって、1月ともなると、その頃の高校3年生はほとんど授業がなく、自宅学習に専念することができた。前の年の8月に親父が亡くなり、母と二人の生活になっていたので、その母が失対の仕事に出かけると僕がひとり家に残った。暖房器具のない我が書斎で寒さに耐えながら、今度は積分を中心に学習を始めた。一期校の宮崎大・数学科は当時微積分についての出題はあまりなかったが、二期校の鹿児島大学・理学部数学科では微積分が必須であった。

　宮崎大学の受験が終わると、僕は積分について専念して懸命に勉強を始めた。と言いたいのだが、何か気もそぞろ、宮崎大学の合格発表が気になって気になって仕方がない。勉強に身が入らないのであった。そして、宮崎大学の合格を手にした時に積分の勉強はそこで終わりにし、鹿児島大学受験も早々に断念した。断念したというより、もともと経済的に鹿児島大に行ける状況にはなかったのである。宮崎大学を先に合格できたことは、僕にとっても我が家にとっても幸いなことであった。

　結局、僕は微分・積分のなんたるかを分からないまま高校を卒業し、大学の数学科に進むことになったのである。苦労はそこから始まった。

6　確率・統計

「人間は考える葦である」という言葉で有名なパスカルは、ある夜激しい歯の痛みに襲われ、その痛みを忘れるために確率論を思考したという。さすが世界的大哲学者のエピソードである。その頃も賭け事が流行っていて、最終的に胴元が勝つのは何故かということが話題であった。そういう博打の勝敗を解明しようとして生まれたのが確率論であるらしい。

確率を学習する前にまず、**場合の数**というものを学習しなければならない。サイコロを1回投げるときの場合の数は6通りであるが、2回投げたら何通りの目の出方があるか、などということを数え上げるのが場合の数なのである。

簡単な場合は、樹形図を描いたり表を作ったりして数え上げていけるのだが、条件が複雑になっていくと樹形図の一部から類推して場合の数を計算していくことになる。さらに厄介なのは、順序を考えたり並べたりするときの場合の数（**順列**）と、組み合わせで考えるときの場合の数（**組み合わせ**）は違うということである。

例えば、赤玉3個と白玉5個が入っている袋から、

・一個ずつ2回取り出すとき

・2個を同時に取り出すとき

では玉の取り出し方の条件が違ってくる。その上1回目に取り出した球を袋に戻して2回目の球をとるという条件になると、また数え方が違ってくる。

また、子どもたちを1列に並べるときと、円状に並べるときでは場合の数は違ってくる。数個の色の違った石で数珠を作るときは人を円状に並べるときと同じではない。数珠は裏返しもできるので配列の数が半分になるのである（円順列）。などと思考しなければならないことがたくさんあって、頭は混乱するばかりである。場合の数を求めるには、与えられた条件下ではどのよ

うな場合があるのか考え尽くさなければならない。

　こういう緻密な思考に欠ける僕には、順列・組み合わせや確率を出す計算は大の苦手であった。答えらしきものは出せてもそれが正しいかどうか確かめる方法が分からなかったのである。場合の数が3桁や4桁になるともうお手上げで、一度出した答えが正解であることを祈るしかなかった。

　確率は、順列・組み合わせなど場合の数が求められなければ絶望的である。高校時代、僕は嫌というほどそれを味わった。僕は大学入試で確率の問題が占める割合は1割ほどと踏んで、その1割は捨てる覚悟であった。努力して克服すれば何とかなるのではないかという気にならなかった。僕にとって確率を出すということは、実に雲をつかむような感じなのであった。

　だが、確率の持つ意味や有効性などについては養っておく必要を感じていた。というのは、日常生活の中で何かをやろうとするとき確率は目安として判断の材料となるからであった。あまりにも無知すぎると騙されたり詐欺に引っ掛かる恐れもある。

　僕が中学校の教師になった時、子どもたちに、

「ここにくじ引きがある。くじには『当り』と『はずれ』の2種類しかない。当たる確率はいくらか」

と問うと、

即座に $\frac{1}{2}$ と答えが返ってきた。

そこで、

「くじは全部で10本あり、そのうち当りは1本、外れは9本だ」

と言うと、

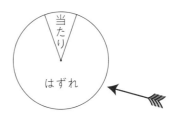

「先生はインチキだ」

と言う。

しかし日常的にはこんなカラクリが案外多いのである。

・「百発百中の腕前」と「1発1中の腕前」の確率はどちらも1なのだが、どちらも同じ腕前なのであろうか。

・「あなたの死ぬ確率は100％です」と言われたら悲観すべきだろうか。

「50歳までに死ぬ確率は100%です」と言われたら、「根拠は何か」と問いたい。

・「天気予報で宮崎県の明日の雨の降る確率は30%です」はいつ、どこでどのくらい降る確率なのだろうか。

・「南海トラフによる地震が起こる確率はこの30年間で70%です」は具体的にどう捉えればよいのだろうか。

こういう天気や地震の確率は、どのような計算をして出されているのだろうか。普通の一般人には全く分からない。分子が何で分母が何という単純なものでもなさそうである。信用できるものなのかどうかも分からない。

大学時代の「確率・統計学」の講義の中で、二項分布とかポアソン分布とかいう確率分布なるものを学んだ。担当教授はその公式の証明に一生懸命で、計算上公式が成り立つことは分かるのだが、根拠は何か、それはどんなところで使われるのか、本当に有効なのかということが僕には分からず困った。

地震などの確率は、過去にその土地ではどういう地震が起きたかという歴史から周期性などを調べ、それを基にポアソン分布や高度な確率分布に当てはめて計算されたものであろうが、我々素人には雲をつかむようでさっぱり分からない。分からないのに、示される確率の数字に踊らされ、一喜一憂し、夜も眠れない。だから、安心のために、そのことが起こらない確率はいくらぐらいなのだろうかと逆に考えてみたりする。

こういう確率を出す方々や機関も大変なようで、見積もった確率が外れて天災地異が発生しようものなら、すぐに責任問題となり批判や非難が集中する。行政機関には「想定内なのか」「想定外なのか」などという言葉で、防災施策の不備が追及されたりする。

だから最近の予報関係のニュースは、万が一起こることを予想して高めに発表されている感じがする。避難も防災も早め早めに行い、万が一に備えよと警告する（万が一も確率的には1万分の1ということであろうか）。

高校の数学における確率は、数値的な答えを求めることに力点があるが、これからの学習では、確率の意味やその活用の仕方などについて指導してい

くことがより大切になるであろう。

　それが統計となれば、なおさら身近な生活において判断材料などの活用範囲は広くなってくる。日常的に行われるアンケート、世論調査、選挙など統計はいろいろなところで活用されている。アンケートにしろ世論調査にしろ、どういう人々を対象にどのくらいの人数をどのような内容でどのような方法で調査したのかをはっきりさせなければ、その結果を信用することはできない。

　最近の選挙では、開票が一票もないうちに「当選確実」の画像がテレビなどで流れる。これは、投票所出口付近で投票を終えた何人かに、誰に投票したか等を尋ねて集計したり、選挙中に候補者への選挙民の評判等を加味して統計的手法で予測したりしたものを統計的に処理して流しているのである。こうした統計結果は、全数の調査でないのにほぼ間違いがない。せっかく誰々に期待を込めて投票したのに、開票が始まると同時に「当確」が出るという選挙って何か、という気分になる人も少なくないのではないだろうか。日本の選挙というものは、統計学上見本となるくらいしっかりとしたものであるという証なのかもしれないのだが。

　統計では結果を自分なりに読み解くことが大切である。視点をどこに置くか、何が浮き彫りになったのか、など自分の視座を持って見ていく必要がある。統計結果の読みとり方は論者の表現の仕方によって左右されることが多い。課題や問題点が浮き彫りになることもあれば反対にぼかされることもある。他人に惑わされない自分の見方というものを確立したいものである。

7 補助線

　脳学者の茂木健一郎の著書に『思考の補助線』(ちくま書房) という本がある。その本の宣伝文句には「幾何学の問題でたった一本の補助線を引くことが解決の道筋をひらくように『思考の補助線』を引くことで、一見無関係なものごとの間に脈絡がつき、そこに気づかなかった風景が見えてくる」とあった。補助線の役割を言い得て妙である。

　補助線という言葉は幾何 (図形) 授業の中で習った。補助線を引かなくても簡単に証明したり解けたりするものもあるが、少し複雑な問題になると、図にいろいろと線を引いて考えることになる。対角線であったり、平行線であったり、垂直線であったりする。やたらと補助線を何本も引く者もいる。たくさん補助線を引くと解けるような気もするが、今度は複雑になり過ぎて解答として失敗することが多い。

　補助線は１本、多くて２本くらいで済ませたい。いい補助線が見つかると、たちどころに問題は解決する。悪い補助線のときは、解決にいたるまでに悪戦苦闘することになる。しかし、これは結果論であって、まずは自分の引いた補助線で結論に導けるかどうか試行するしかない。

　友達が１本の補助線で鮮やかに証明するのを見せつけられると、何か負けたような感じになり、その友が素敵に見える。そして、次は俺がいい解答を導き出してやるぞという競争心もふつふつと湧く。数学は嫉妬心が原動力にもなるようだ。

　僕の大学受験でも幾何の証明問題が出た。問題は文章だけで、元になる図は自分で描かなければならなかった。円の問題であったが、フリーハンドで円を描き、題意に沿った図を描いた。円に内接する三角形は一般に鋭角三角形になるように作図するのだが、その時はなぜか鈍角三角形になってしまった。そして円に接線も描き入れていざ証明となったが、図が悪かったのか、

補助線が引きづらく証明には手こずった。自分なりには証明はできたと思っているが、減点は免れなかったのではないかと思った。その後新聞か雑誌でその解等例を見たら、内接する三角形は鋭角三角形で、簡明な証明がされていた。

中学校の数学教師になって、補助線について指導することになった。子どもたちは図に線を引くことはするが、文章でその補助線を説明したり表現したりするのは難しいようであった。子どもの中には１本の補助線に多くの意味を込めすぎる者が多かった。例えば、

(問い) 二等辺三角形ＡＢＣにおいて２つの底角は等しいことを証明せよ
ＡＢ＝ＡＣ　⇒　∠Ｂ＝∠Ｃ

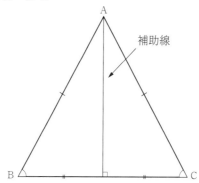

という問題のとき、生徒は補助線をいろいろ考えるのだが、多いのは、
　　頂点Ａから底辺ＢＣに<u>垂直二等分線</u>を下ろす
という補助線の引き方であった。１本の補助線に垂直であることと辺の二等分線であるという２つの意味を持たせるのである。

頂点Ａから底辺ＢＣに下した垂直線と頂点Ａから引いた底辺ＢＣの二等分線は合致しない前提で証明しなければならないのである。もし合致することが分かっているのなら、もう証明は必要ないくらい自明なのである。

もっとも証明が終わってしまえば、その補助線は結果的に底辺ＢＣの垂直二等分線になるのだが、証明前にはそれは使えないのである。

これらの一連のことは、次のような問題に書き換えることもできる。

> （問い）　二等辺三角形ＡＢＣにおいて底辺ＢＣの垂直二等分線は頂点
>   　　　　Ａを通るか。

こうなると、背理法などの証明に慣れない子どもたちにはとても難しい。

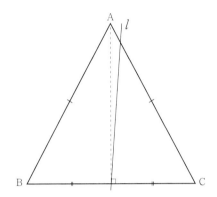

　小学校でも二等辺三角形の性質を学習しているので、中学校では知っている事実を押し隠しながら証明せよといわれるかたちになるので、今までに得た知識は何だったのかということになる。経験的に、あるいは知識として自明なことを証明せよといわれると、数学は何てくどくて面倒くさい学問か、と感じる子どもも出てくるのである。しかし、その一方で、論理的に説明・証明できたことに喜びを見出す子どもも育つのである。
　幾何の問題では、補助線を幾通りにも引けるものがあり、こういう問題を扱うときの授業は活発化する。それぞれが自分の引いた補助線から得々と問題を解いて見せるのである。一瞬にして答えが分かるような補助線を引いた者には拍手喝采である。そういう時にその子の持つ数学的なセンスを感じることがある。偶然の発見であることも多いが、それが積み重なるとその子の持つ閃きや能力になっていくのである。
　意味ある補助線もあれば、無意味な補助線、過多な補助線もある。補助線は少ないに越したことはないが、思考や説明が簡潔になり、分かりやすいものになるよう工夫させることが大切である。

8　数列・級数

　ガウス坊やだったか、オイラー坊やだったか忘れてしまったが、こんなエピソードを聞いたことがある。この坊や、あまりにも優秀だったので、先生が少し困らせようと「１から100までの数の足し算をしなさい」と課題を与えた。この問題なら10分ぐらいはかかるだろうと思ってのことであった。するとこの坊やは、ものの１分も経たないうちに答えを出してしまった。そこで「今度は１から400までの足し算をしなさい」と言われると、今度もものの見事に１分もかからないで答えを出してしまった。

　あらためて先生がどのようにして解いたのかを問うと、坊やは、

　　　$1 + 2 + 3 + \cdots\cdots + 98 + 99 + 100　\cdots\cdots①$

　　$100 + 99 + 98 + \cdots\cdots + 3 + 2 + 1　\cdots\cdots②$

　　$① + ② = 101 + 101 + 101 + \cdots\cdots + 101 + 101 + 101$

　　101が100個あるので　101×100

　　求めるものはその半分だから　$101 \times 100 \div 2 = 5050$

とやり方を説明して、先生を驚かせたという。

　1、2、3、……9、10 や 2、4、6、8……10のようにある規則性によって並んでいる数のことを数列という。ガウス坊やはこの数列の性質を使って見事に解決したのである。天才数学者にはこういう逸話はつきものである。

　秀吉の家来で御伽衆の曽呂利新左エ門が何か手柄を立てて、秀吉から「褒美をとらすが何が良いか」と尋ねられて、

　「１日目に１文、２日目には２文、３日目は４文というように、前日の２倍のお金を毎日、30日間いただきたい」

と言ったら、「なんと欲のない者じゃ」とまた褒められたという。

　10日目頃までは何もなかったが、14、5日目頃からおやおやと思うような金額になり、慌てた勘定方が30日までの金額を出すと途方もない金額になる

ことが分かり、青くなって秀吉に報告したという。という本を、僕は小さい頃読んで、新左エ門の頓智に感心した思い出がある。新左エ門の毎日の金額は、次のように表される。

　　1，2，4，8，16，32，64，128，256，512，1024，2048，
　　4096，8192，16384，……

これも数列で、等比数列と言われるものである。これは、

　　2^0　2^1　2^2　2^3　2^4　2^5 ……　2^{29}

と表され、新左エ門の30日目の金額はこの2^{29}文ということになる。

僕は、父熊吉、母イエの両親から生まれた。父は斉之助・スエから母は與十郎・キヌエから生まれた。その上になると、もう記憶はあいまいである。僕の先祖は一体どのくらいいるものかと考えると、下図のようになる。

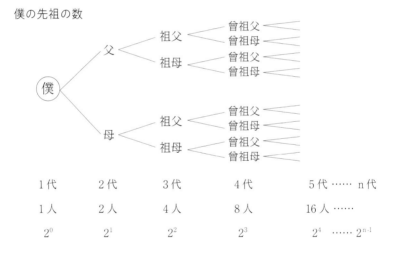

これは、結果的に上の等比数列と同じになることが分かる。先祖は15代くらいも前になると、一挙に何万ということになる。現在の僕は、こういう何億何万という遺伝子を受けて生まれているのかと考えると命のつながりの不思議さを感じ、敬虔な気持ちにもなる。

僕の祖父斉之助は、江戸末期の安政元年（1854年）の生まれである。僕の

たった二代前は丁髷を結い、刀を差し、暗いランプの下で生活していたのか
と思うと感慨深いものがある。

　高校では、これらの等差数列や等比数列のほかにいろいろな数列について
学ぶと、無限の数列、無限等比級数などの級数が導入され、その値の収束・
発散などを調べ、極限値などを学習することになる。それはやがて関数の極
限値として拡張され、関数の連続性などを調べる手立てとなる。それらは関
数の微分・積分の基礎として活躍することになる。

◎シカ・ノミ先生の限界と弁解

　ここまで高校時代の数学について書いてきて、ある種のしんどさを感じて
きた。それは高校時代の僕の数学体験にトピックとなるようなものがなかっ
たからだろうと思っている。それに高校数学の内容は豊富であるが、困った
ことにその数学の内容をつぶさに記す力量がない。級数や漸化式、ベクトル
と、まだまだ書くことはいっぱいあると思うのだが、それは別な機会に回し
たい。というより別な人に頼むしかない。

第 4 章 大学時代の数学

昭和40年前後

1 微分・積分学

　その本は、田中俊一著『明解　微分積分学』(定価600円　文憲堂七星社）で
あった。大学に入って最初に購入したこの本は、一般教養数学のテキストで
あり、また数学科１年生の専門課程のテキストでもあった。

　著者の田中俊一先生は、当時宮崎大学の助教授で、一般教養数学の講義者
でもあった。同書を使ってどのような講義が行われたのか記憶にないが、そ
の内容を見てみると、「デデキントの切断の定理」や $\varepsilon \cdot \delta$ 法による証明など
難しい概念や手法がいっぱいなのである。

　一般教養のテキストとしては専門すぎているように思われるのだが、当時
の学生はそれほど学力があったのかもしれない。もっとも、「本を買えば単
位がもらえる」という噂がないこともなかったが、定かではない。しかし、
その年の単位取得者は僕たち数学科の学生とあと数人に限られ、ほとんどの
者が再試や再受講を余儀なくされた。

　同書は数学科１年生の解析学のテキストとして使われた。高校時代に微
分・積分の学習が不十分であった僕には、この本は大変役立った。例題や計
算問題がたくさんあり重宝したのである。我々の数学科の先輩で、他の大学
で勉強され、新しく宮崎大学の助手になられたばかりの緒方明夫先生がこの
本を使って演習してくださるのであった。他の学生はすらすら鉛筆を動かし
て解いていくのに、僕の手はいっこうに進まなかった。計算をして解を求め
るということより、この式を微分すると答えはこうなるということを解答を
見て覚えなければ、僕は他の人についていけなかった。演習というより暗記
の時間であった。

　この頃、同じ数学科のG君などはすでに高木貞治の『解析概論』という名
著を独学で読んでいるというのに、僕は微分・積分の初歩の演習にも四苦八
苦している状態であった。

第 4 章　大学時代の数学　167

　そして無限級数の収斂や発散、マクローリン級数の展開など新しい概念や手法を学ぶ頃になると、今度はそれを理解するのに手間取るのであった。数学者たちは物事の解決を簡単にするために級数の展開など新しいアイディアを考えつくようであるが、僕のような凡人には、その新しいアイディアが前の解決法よりかえって難しくしているように感じられるのであった。

　ただ、僕の茫洋とした文系的面白さは、解析の理解や習得よりも、こういう新しい概念や手法などを考えつく数学者という人間の能力の高さに驚嘆し、まるで歴史上の英雄物語を読むように惚れ込んでしまうということであった。

　圧倒的に演習不足であった。何とか単位はもらうことができたが満足できるものではなかった。「微分のことは微分でせよ」という高木貞二の言葉が、「微分のことは自分でせよ」とか「自分のことは自分でせよ」というように聞こえていた。高木のこの言葉の真意が分からなかったのである。

　微分・積分は、数学はもちろん科学技術等の解明に必要不可欠の基礎的な学問であり、その後もずっと付き合わなければならない分野であった。

2 集合論

　大学の専門数学で印象深いのは「集合論」の講義であった。集合の記号や用語は、もちろん初めて知ったのであるが、面白いのは、「集合の考え方」であった。高校までは、数学は解が一つの単純明快、すっきりした揺るぎのないものであると感じていたが、集合論の講義を受けて、数学への考え方やものの見方が柔らかく広くなったような気がした。

　集合論は、無限を対象とする学問から発達したという。有限の世界で何かを比べるときと無限の世界で比べるときは、趣が大分違うようだ。

　例えば、自然数と偶数はどちらが多いかを考えると、直感的には、

　　1　②　3　④　5　⑥　7　⑧　9……

となって自然数の方が多いと考えられるのだが、これを、

自然数の集合	1	2	3	4	5	6	…… n ……
	↓	↓	↓	↓	↓	↓	↓
偶数の集合	2	4	6	8	10	12	…… 2n ……

と考えれば自然数に対して、偶数が必ず一つ対応するということになり、どちらが多いともいえないようになる。無限の世界では「部分は全体に等しい」というような考え方もできるようである。

　例えば、0から10までの数直線上の有理数と0から1までの数直線上にある有理数はどちらが多いか。と聞かれれば、0から10までの数直線に決まっているではないかと考えられるのだが、0から10までの数直線上にある有理数は無限にあり、0から1の数直線上の有理数も無限である。無限にあるものと無限にあるものを比べたら、どちらが多いといったらよいものか迷ってしまう。次ページの図のように考えれば、10までの数直線と1までの数直線が1対1対応をしていることが分かる。

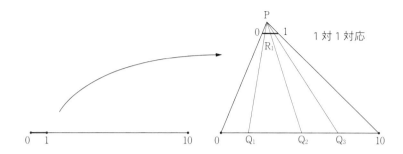

　無限の世界は、有限の世界で考えられた常識的な考え方が揺らぐような世界のようである。これを知った時、数学はなんと面白いものかと覚醒した。そしてものの考え方が急速に広がり、しかも自由になっていったような気がしている。大学1年生の頃である。

　ユークリッド原論の第8公理に「全体は部分より大きい」というものがあってハッとさせられる。「そんなこと当たり前じゃないか。わざわざ公理に掲げるほどのことではないではないか」と思われるのだが、ユークリッドの昔にもそれを無視できない論争があったらしい。
　逆理で有名なツェノンの学派辺りから、上図のような考えを示されていたのではないかといわれている。解決に困ったユークリッド学派は「全体は部分より大きい」と公理にしてしまった。ユークリッドでは「無限」という概念を封殺し、有限の世界での論理を展開しているように見ることができる。といっても、ユークリッドの平面幾何はどこまでも伸びている平面を想定した幾何でもある。
　ただ、この「全体が部分に等しい」の「等しい」には注意を要するであろう。英語では equivalent であり、日本語では「同等」とか「濃度が同じ」という意味で、集合の要素間に1対1対応がつくかどうかということである。
　自然数の集合と有理数の集合を考えてみよう。
　有理数は（整数÷整数）という分数で表される数の全体のことである。どちらも無限集合であるが、どうしても自然数より有理数の方が多いように感

じられる。ところが、すべての分数（有理数）を1，2，3……という自然数で番号をつけていくことができるというのである。そうなると有理数と自然数は同等であるということになる。どのように番号を付けていくのかということになれば少々工夫を要する。

　有理数は平面上に下図のように書いて網羅できる。自然数で番号を打つとき、1行目に番号を打ってしまえば2行目に打つ数がなくなってしまう。ところが、次のように番号の打ち方を変えると、全ての有理数に番号を付けることが可能である。

[有理数の集合]

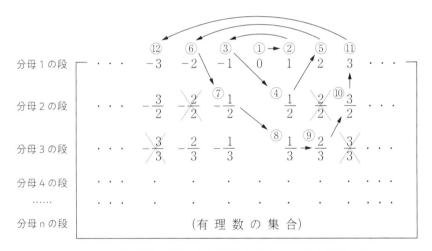

有理数の集合と自然数の集合は1対1対応する
⇓
可付番（番号を付けることができる）

（ただし、2, $\frac{4}{2}$, $\frac{6}{3}$, ……のように同じ値をとるときは、それを除いて番号を打っていく）ということは、有理数の集合と自然数の集合に1対1対応が成り立ち、どちらの集合の濃度も同じであるということが分かる。このように、自然数で番号が付けられるような濃度を持った無限集合のことを「たかだか可付番集合」といって、その濃度を$\aleph_0$と書いてアレフ・ゼロと呼ぶことにした。$\aleph$（アレフ）とはヘブライ語のアルファベットの最初に位置する文字で、集合論の創始者であるカントールによって命名された。

それでは、無限集合であればどの集合も$\aleph_0$になるのかといえば、どうもそうではないらしい。

例えば、「実数の集合」は自然数ではとても番号が打てないらしいことがカントール等によって究明された。どちらも無限集合であるが、同等ではなく濃度が違うらしい。

数直線上に自然数の点を取っていくと、隙間の多いものになる。有理数を数直線に取ればどうなるのか。例えばaとbという有理数を2つとると、その中間mは$\frac{(a+b)}{2}$で表されるが、この数は有理数である。次にaとmの間にも中間点を取ることができる。これも有理数である。こういうことをずっと繰り返していくと、aとbの間には無数の有理数が存在することになり、隙間がなくなる（有理数の稠密性）。では隙間がないので他の数は入り込めないのかというと、$\sqrt{2}$などの無理数が数直線上にはあるというのである。

平方根、立方根、4乗根、……n乗根など、数直線上には無理数がいっぱい存在するという。稠密な有理数で数直線が隙間なく埋められているのに、その大きさのない隙間の中に無理数がいっぱい入り込むというのである。そういう有理数と無理数を含んだ数が実数である。

実数は可付番集合ではなく、連続性を持った集合で、数直線上に隙間ない数の集合となる。実数の集合の濃度（基数）を$\aleph_1$と表される。

$\aleph_0$という濃度を持つ集合から実数の集合の濃度$\aleph_1$、そして$\aleph_2$、$\aleph_3$などいろいろな濃度を持った集合の研究がなされているようである。だが、それはもう僕の理解を超えていてその概略も説明できない。

集合論はその後の数学の発展に大いに寄与することになったのだが、当初はそういうものは数学でもなんでもない、何の役に立つのかなどと非難を受けたという。

　昭和30年代までの中学・高校数学には集合という教材はなかった。僕が大学生の頃、「集合論を学んでいる」といっても反応してくれる人がいなかった。それより解析や代数の学習をすべきだと忠告を受ける始末であった。

　しかし、ソ連で人工衛星の打ち上げが成功し、科学技術の遅れにショック（ソ連の人工衛星の名をとって〝スプートニクショック〟といった）を受けたアメリカをはじめ、各国は理科・数学に力を入れ始めた。日本でも学習指導要領が改訂され、特に数学では内容の現代化が図られた。

　昭和42年（1967）に中学校の数学教員となって学校に赴任すると、学習指導要領改訂による移行措置が始まっており、4、50歳代の先生方から、集合とは何か、初めて見る記号ばかりだ、呼び方は何か、などと質問攻めにあった。先輩先生の中には授業の前に僕のところに来て、その日に教える内容を確認していかれる方もあった。

　しかし、これも一時のことで、集合などの現代化教材は次の指導要領改訂では大幅に削減されてしまった。

3 多様な幾何

　高校までの幾何は楽しかった。論理的に揺るぎのないどっしりとした幾何であった。と思っていたのだが、大学で幾何を学ぶようになってどうも様子が違ってきた。

　「三角形の内角の和は180度より小さい」とか「大きい」とか、

　「直線 ℓ 外の一点 A を通り直線 ℓ に平行な直線は 1 本であったはずなのに、何本もある」などと、とんでもない幾何があることを知った。

　今までのユークリッド幾何に対して、その幾何は非ユークリッド幾何とか球面幾何などといわれるものであった。そういう話を聞きながら、僕は今まで持っていた幾何の概念が否定されたような恐怖感を抱いた。しかし、一方では考え方の柔軟さに面白さも感じていた。

　その中で、直線とは何か、平面とは何かなどということを問題意識をもって考えるようになった。直線とは真っすぐに伸びた線、平面は真っ平に広がる面などと、ほとんど感覚的な言葉でしか表せられないのである。ユークリッド原論の定義には「直線とはその上にある点について一様に横たわる線である」とあり、いよいよ分からない。平面に至っては「平面とはその上にある直線について一様に横たわる面である」とあり、想像すら難しいものになる。ここにある「一様」という言葉も定義があるのかないのか分からない。これらは定義されているようで定義されておらず、またしても感覚的な定義のようでよく分からない。

　幾何によっては、ある空間では直線すら曲がっており、「直線は円周の一部」になっているのではないか、などと考えざるを得ないことにも出くわすのであった。こういう幾何を一体誰が考え出したのか、それよりも正しいのか、などと考え込まざるを得なかった。

　地球にいる自分には、海の水平線は直線にしか見えない。地球という球の

円周の一部だよと言われても俄かには信じがたい。地球くらいの大きさの半径をもつ球になると、そこに住む人の目には直線にしか見えない。

定規で引いた直線は本当に直線なのか、疑問が残るところである。例えば、地表面に垂直に立てた１ｍの棒に直角な棒を真っすぐに両端を伸ばしていったとき、どのように見えるのか考えてみると面白い。地球にいる地球人はＡ図のように伸ばしているつもりだが、それを見ている地球外宇宙人にはＢ図のように見えているのではないだろうか。直線と円を峻別するのであれば、Ｃ図のようにならなければならないであろう。

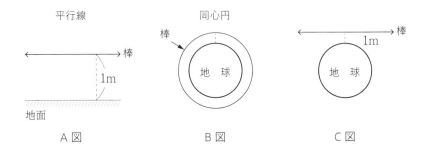

地球に住む自分が見渡せるような小さな範囲の空間では、地面は球面ではなく平面であり、Ａ図を考えるのは当然である。しかし、それを広い宇宙のかなたから見ればＢ図のように見えるというのも当然であろう。小さな空間で積み重ねた真理も、大きな空間から見れば理屈に合わないおかしなものになるのかもしれない。

非ユークリッド幾何とユークリッド幾何の違いは、ユークリッド原論にある第５公準の平行線に対する考え方の違いから起きているという。

原論の第５公準は「２つの直線と、それらに交わる１つの直線が同じ側に作る内角の和が２直角より小ならば、その２直線はそちら側の一点で交わる」というものである。このことから、

　　「三角形の内角の和は180度である」……①

　　「直線 ℓ 上にない任意の点Ｐを通り、その直線 ℓ に平行な直線は一本しかない」……②

などのことが導き出されてくるのである。これらのことは第5公準と同値であるといってよい。

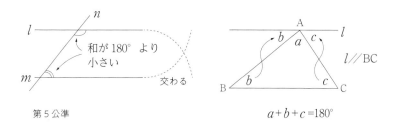

ところが①、②に対して「三角形の内角の和は180度より小さい」のではないかとか、「直線 ℓ 上にない点Pを通り、直線 ℓ に平行な直線は何本もひける」という論理が展開され、それを公理としても矛盾のない幾何学ができるということが判明されたらしく、その幾何をユークリッド幾何に対して非ユークリッド幾何と呼ぶこととなった。

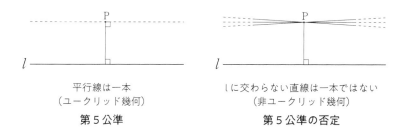

「論理の組み立ての出発点になる公理が違えば、導き出される結果も当然違うであろう」ということは分からないわけではないのだが、「論理的に矛盾がないということは正しいことなのであろうか」と、僕は疑問を捨てきれないのであった。

真実がそんなにたくさんあってもよいものか。正しいとは、真実とは一体どういうことなのか。非ユークリッド空間を体験していない僕の貧弱な頭は混沌とするばかりであった。

こういうときに欲しいのは、ストンと腑に落ちるような図やモデルである。我々が住む狭い空間では、ユークリッド幾何のモデルに満ちており納得しやすいのだが、非ユークリッド幾何の概念を示すような空間モデルはどのようなものなのか想像することは難しいのである。
　そのため、多くの数学者が非ユークリッド空間のモデルづくりに着手してきたということである。その中でポアンカレのモデルが有名である。

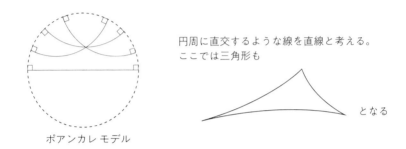

　僕はその図を見ながら、何となく非ユークリッドの概念というか、曲がった空間における幾何の概念がおぼろげながら分かるような気がしてきた。
　その後、非ユークリッド幾何の具体的な展開について学ぶことはなかったが、僕のものの見方や考え方、概念形成などに衝撃的な影響を与えてくれたのも事実である。

　そうこうしているうちに「位相」という幾何に出合った。トポロジーともいう。位相空間の幾何は「連続性」や「つながり」を基本概念としたもので、形にこだわらない柔らかい幾何であるといわれる。僕の固い頭ではそのイメージをつかむのに苦労した。
　形を問題にする幾何では、その形や大きさ（距離）が同じであるかどうかという「合同」の概念で図形を見るのだが、位相では距離という視点は抜きにして、点の配置の連続性を見ていく「同相」という考え方で図形を捉えることになる。

円と四角形はユークリッド幾何では違う形であるが、位相では「同相」である。

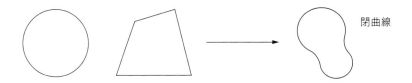

形や大きさ（距離）ではなく点のつながり（連続性）を見るとどちらも閉曲線である。

球と立方体はユークリッド幾何では違う形であるが、位相では「同相」である。

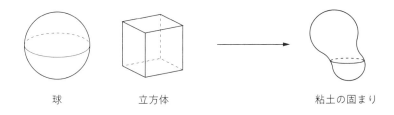

球とドーナツは同相でないが、ドーナツと図のようなコーヒーカップは同相である。

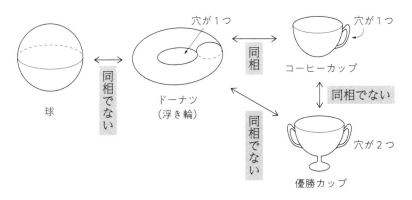

中学校の数学が現代化華やかなりし頃、教科書に一筆問題というものがあった。

　家等の線画を一筆でなぞることができるかという問題で、線画の要所に集まる線が奇数本か偶数本かを調べ、奇数本の箇所が０か２ならば一筆書が可能というものである。

　「ケーニヒスベルクの橋の問題」というのもあって、図のような７つの橋を一回しか渡らずに全部渡りきれるかという問題である。オイラーという数学者は、陸地の部分を点、橋の部分を線として図を書き直し、これを一筆書きの問題に置き換えて考えたという。それができるかどうかを調べると、橋を一回渡りでは全部を渡り切れないということが分かった。トポロジーとは点のつながり方を問題にする幾何とも聞かされるのだが、オイラーという天才数学家の発想の素晴らしさには驚くばかりである。

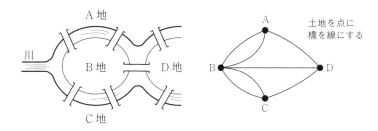

　オイラーはまた、多面体における点・辺・面の数の関係を調べ、それらの間に

　（点の数）－（辺の数）＋（面の数）＝ 2

という関係式が成り立つということを発見した。

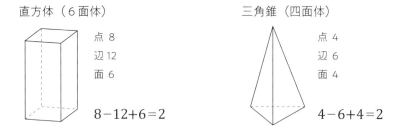

数学教育の現代化の時には中学校でも教材化されたことがある。この定理はドーナツ形（トーラス）と同相な多面体では成り立たない。

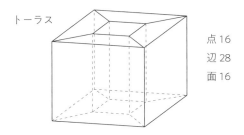

また、メビウスの帯というのも教材にあって、裏と表の区別がつかなくなる図形といわれた。

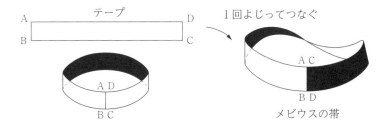

テレビの「ウルトラマン」で、ウルトラマンが異次元の世界に入り込むというドラマがあって、その時出てきたのが何とメビウスの帯であった。この帯の上を高速で回ると表裏が分からなくなり、ついには姿が消えて、異次元の世界に入り込めるという設定であった。本当にできるかどうかは別として、こういうトリックに数学が利用されていることに驚いてしまったが、楽しくもあった。

同じ研究室の友人の一人がゼミでこの位相空間論を取り上げ、僕も付きあいでテキストを買いゼミにも参加していたが、僕には常におぼろげであっ

た。やたらとドーナツのような絵が出てきて、「ドーナツと取っ手のついたコーヒーカップは同相である」などと、新しい数学はこんなことを研究しているのかと驚かされたり、こんなことを研究して何の役に立つのかと思ったりして複雑であった。

　ポアンカレという人が「宇宙の姿を調べる方法についての予想」を立てた。その予想とは「単連結な三次元閉多様体は、三次元球面に同相である」というのだそうだが、何のことかさっぱり分からない。例えて言うと、「地球から綱をあちこちと任意に投げ、その綱の両端を握って手繰り寄せられれば、宇宙は丸く、ドーナツ型のような穴がない」ということらしい。分かったようで分からない。いや、さっぱり分からない。ある人は、これを「穴がなくて、どこも捩じれていない物体は、すべて球と同じである」（竹内薫：サイエンス作家）と例えている。このポアンカレの予想は、数学界では大きな問題となった。この予想が正しいということの証明がなかなかできなかったのである。

　それが最近、ペレルマンというロシアの数学者によって証明されたという。その証明が正しいかどうかを専門家の数学者たちが何日もかかって検証して、ようやく正しいらしいと結論づけたようである。ポアンカレ予想の証明の発見物語は多くの本になって売り出されているのだが、僕は証明そのものを見たことがない。見たとしても、理解できないことは明らかである。現代数学の最先端は何を研究しているのか予想さえつかない。

　しかし、そういう発見物語の本を読むと、シカ・ノミ先生でも人間の英知の素晴らしさや柔らかで豊かな発想に触れることができて、自分のことのように誇らしくうれしくなるのである。

4 分からない

　分からないというのは、どの程度のことをいうのだろうか。僕は、分からないという体験を大学時代に嫌というほど味わった。子どもたちが「分からない」と言うと、教師は「どこが？」とか「何が？」などと尋ねるのだが、子どもたちは押し黙っていることが多い。

　こういうとき教師たる者は、この子どもはどのくらい分かっているのか、あるいは分かっていないのか、教師自身が判断していく必要がある。質問しようにも質問できない子どもたちも大勢いるし、全く分かっていない子どもも存在するのである。

　大学2年の時、僕は「関数論」がさっぱり分からなかった。どこがどのように分からないのかさえも自分でつかめなかったのである。関数論の意味も意義も分からず、内容を具体的にイメージすることができなかったのである。部分、部分の論理の展開は分からないでもないのだが、全体は常にぼやっとしているのであった。高校時代文系コースにいて、微分・積分などを十分に学習してこなかったツケが回ってきたのかもしれない。

　試験が近づいてきたのに、僕は関数論が相変わらず分からないままで、焦りがだんだんと募ってくるのであった。風邪に取りつかれ体調を壊し、勉強していると鼻血が出るようになった。そのうち、自分は数学科に向いていないのではないかと思うようになり、精神的にも肉体的にも不調であった。

　失対労働者として苦労している母に、自分の精神的窮状を相談するわけにもいかず、一人悶々とした。だんだん追いつめられた僕は、暗闇の中を彷徨っていた。そして、いつしか高校時代の音楽の池田玉先生の玄関先に立っていた。

先生は母と同年代のおばあちゃん先生であった。夜更けの訪問に、先生は驚いてどうしたのかと尋ねながら、座敷に通してくださった。

　「今夜は泣きたくなりました。泣かせてください」

と言うと、僕は恥も外聞もなくそこでさめざめと涙を流した。

　「才能のない自分にがっかりしています」

というようなことを言った。そのことについて先生は何もおっしゃられずに、ご自分の音楽学校時代のことを話してくださった。

　九州の大牟田から東京の音楽学校（現東京芸術大学）に期待されて入学したのだが、どうしても自分より上をいく学生がいて、努力するのだがその人には勝てなかった。悲観した先生はもう音楽学校を辞めようと、東京から夜汽車に乗って故郷に帰ろうとしたことなどを、淡々と話してくださるのであった。

　敬愛する先生にもそんなことがあったのかと、僕の気持ちは次第に軽くなっていったのを覚えている。自分のような悩みは誰でも持つもので、たいしたことではない、もう一回関数論に取り組もうという気持ちがどこからか湧いてくるのを感じた。

　とはいっても、関数論が急に分かるはずもない。試験は間近かに迫っていた。関数論の試験の範囲はテキストで80ページくらいあった。そこで僕が決断したのは、その80ページの一字一句を暗記して試験に臨むということであった。これは、これまでの僕の学習法に沿った「なんでも覚えてやれ」という、まことに原始的なやり方であった。玉先生から差し入れしていただいた、その頃はまだ珍しい栄養ドリンクを飲み、全ページ暗記に取り組んだ。体調は依然よくなかった。

　さて、その関数論の試験である。問題用紙を見ると、４問中３問はテキストにある定理の証明であった。僕は、頭の中にいっぱい詰め込んでいるテキストの証明を機関銃のような速さで答案用紙に書いていった。というより、写して（移して）いったという方が適当なのかもしれない。そして、写した端からそのことを忘れていく自分を感じていた。書き終えたら二度と頭の中に暗記されたものを再生することはできないのであった。

そういう際どさを抱えながら、ひたすらに書き移す（写す）だけであった。したがって、書いたものを見直すなどということはしなかったし、できなかったのである。3問は書き上げた。問題を解いたのではなく書き移しきったということであった。

　こうして、何とか単位をもらうことができた。そして学年が1つ上になった。下級生が、

　「関数論が難しい」

　と言っているのが聞こえてきた。

　「どの辺りね」

　と、一応先輩面して聞くのであった。

　下級生が「○○のところです」と話し出すと、驚いたことにその内容が分かる自分がいた。そうして、こう考えたらどうかとアドバイスしている自分を発見するのであった。あんなに分からなかった関数論を何とはなしに分かり始めている自分にびっくりする思いであった。丸暗記も満ざら捨てたものでもない。

　分からないという子どもたちの気持ちが僕にはよく分かる。

　「分からなかったら、質問せよ」

　という教師の指導も分かるのだが、質問しようにも質問できない子どもがいることも分かっておかなければならない。そういう子どもたちにどういう指導をしていくのか、ここは学生時代に数学が分からず苦労をいっぱいしたシカ・ノミ先生の出番である。

　子どもの分かっているところと分かっていないところを、その子どもと一緒になって探しだすという学習を設け、できるだけその子自身に発見させたり気づかせたりするという、まことに気の長い方法であった。しかし、それが最上で最短な方法のようである。そして、できれば学んだことの意義づけを具体的にイメージさせられれば最高である。

5　サマースクール

　夏になると、都城・北諸県出身の宮崎大学の学生は、都城市内の中学校で
サマースクールを開くのを行事としていた。都城学生会なる名称を使ってい
たが、規約がある組織でもなく任意の寄り合い所帯であった。都城・北諸県
出身の学生と書いたが、そのほとんどは毎日宮崎に汽車で通う学生たちのこ
とを指している。
　学生会の会長には３年生がなるのがしきたりであった。会長というより世
話役である。汽車通の学生たちは、途中の青井岳駅に降りて忘年会などを
行うこともあった。大学生協の食堂に一人当たり300円くらいの料理を頼む
と、カキフライやてんぷらなど結構いいものを折詰にしてくれるのだった。
青井岳駅の下の店で焼酎を買い、酒宴を開いた。下りの汽車の時間まで飲ん
だり食べたりしながら交遊を深めるのであった。そういう手配をするのが会
長の仕事であった。
　宮崎大学の学生ばかりではなく、宮崎女子短期大学の学生も一緒に加わる
こともあった。もともと出身高校が同じで、互いに顔見知りで違和感はなか
ったのである。
　サマースクールは、僕が中学生時代の頃からあった。５、６人の大学生が
中学校に来て、勉強を教えてくれたりレクリエーションをしてくれたりして
いた。しかし毎年というわけでもなく、学生の何人かが都合よく集まること
ができたときに開かれていたというような状態であった。
　大学３年生の時、僕は何となく会長に選ばれ、流れの中でサマースクール
を開こうということになった。会長としてはそれからが大変なもので、実際
に協力してくれる学生を募らなければならない。「いいよ」と言ってくれる
学生もいるのだが、煮え切らない生返事の学生も少なくないのである。よう
やく５、６人の協力者のめどが立ったところで、今度は、中学校に交渉に行

かねばならない。

　中学生の頃の校長先生が隣の学校の校長になっておられたので、僕はそこにお願いにいった。校長は僕の話を聞いておられたが、すぐに承諾していただき、教頭と教務主任と打ち合わせをしなさいということであった。最初は2、3日間と思っていたら、教頭先生から、5日間はやってほしいと要望された。学生を何人確保できるかと不安が頭を掠めたが、ここで引き下がるわけには行かず、「ぜひやらせてください」と約束してしまった。

　1年生と2年生の2クラス、午前中3時間の授業、5日分の時間割を作った。先輩や教育学部以外の学生にも協力してもらって、どうにか担当を分担した。中学校で生徒を募集していただいたところ、40人くらいの生徒が希望してくれた。

　いよいよ初日を迎えた。開校式を行い、ホームルーム活動に続いて授業を開始した。昼になって授業を終えたら、なんと弁当が用意されていた。学校がこれから毎日弁当を出してくださるという。有り難いのだが、責任がますます重くのしかかってくる感じであった。

　第2日までは計画通り進んできたが、3日目辺りから、きょうは都合が悪いのでとかアルバイトがあるのでとか、欠席を申し出る学生が出てきた。教科の入れ替えをしたり、代わりの学生を見つけて頼んだり、舞台裏は火の車になってしまった。僕は数学を教える担当であったのだが国語や苦手な英語も教える羽目になった。子どもたちは熱心で休む者がいない。この子どもたちの気持ちにどうにかして応えなければならないと自分なりに踏ん張った。

　そしてやっと、最終日の5日目を迎えることができた。初日には7、8人いた学生も、最終日に参加できたのは3、4人であった。子どもたちと一緒にレクリエーションや清掃活動などをして、どうにか5日間のサマースクールは終わった。

　やり遂げたという満足感もあったが、人に協力を求め動いてもらうことの難しさをつくづくと味わった。学生を配置し、そして責任を持って授業をしてもらおうと、他人の善意を頼りに立てた計画には綻びも出やすかった。自分の夢や都合だけで計画をしてはならないという基本的なことが、当時の僕

には分かっていなかったのである。それぞれに事情を抱えながらも協力して
くれた仲間の学生には、本当に感謝している。

　苦労はあったが、子どもたちを相手の授業は楽しかった。どう分かっても
らおうかと教材を予習した。子どもたちとのやり取りも上手くいくようにな
り、よく質問をしてくれるのがうれしかった。この経験は教育実習の時に本
当に役立った。子どもたちを真正面から見ることができたし、その表情も捉
えることができた。

　自信過剰になったのか、教育実習本番では指導教官から「慣れているのは
いいが、少ししゃべり過ぎ、教え過ぎですよ」と注意があった。

　サマースクールは、指導者のいない学生たちだけで運営する学校であった
ので、独りよがりになる危険性もあった。教頭先生や教務主任の先生方はハ
ラハラして見ておられたのではないかと、今になって思うことである。教員
の真似事ではあったが、有り難い経験をさせてもらったと当時の学校の先生
方に感謝している。

6 ゼミ

　ゼミとはゼミナールの略で、英語ではセミナーと言った。大学の教育方法の一つで、先生の指導のもとに学生が集まって行う共同研究、または演習である。大学３年生になると、どの先生のゼミに参加するのか選ばなければならなかった。自分が研究したい専門部門の先生を選ぶのが当然なのだが、それより、学生にとってはどういう先生なのかということが問題であった。大方の学生は先輩から先生方の評判やゼミのやり方を聞いて選ぶのであった。そして、その先生のところにゼミのお願いに行くのである。先生の方でも、勉学に熱心で、できそうな学生を選ぶ権利があるので、

　「すまないね、もういっぱいになって、引き受けられないのだよ」

　と体よく断られたりした。学生間でもそういう情報を交換しながらゼミの場所取りをするのであった。

　僕は代数が好きだったので、代数を講義していただいた先生のところにお願いに行って、快諾を得た。決まった後に、別な先生から、「君が私の教室に来ないかなあと待っていたんだが」という有り難い言葉をいただいた。その先生には、その後もずっと何かとお世話になっている。

　さて、ゼミの先生も決まり、何を勉強するかという話し合いになった。僕は代数の方程式関係の研究をしたいと申し出たのだが、先生は、ちょっと考えられて、「自分の専門は代数学ではないので別なものにしよう」と言って手渡されたのが、『フーリエ変換』という英語の本であった。

　英語の本をその頃の僕たちは原書、原書と言って、いかにも高等な学問をしている気になったものであった。ようやく自分も原書を読むようになったかとうれしかった。数学の英文の構造は比較的簡単だが、単語が分からず、辞書を引き引きの勉強になった。訳が出来たら、数学の内容についての勉強である。たちまちに１週間はめぐってくるので、下調べに必死であった。

ところが、その本に出てくる計算式の難しいこと難しいこと。１行目から２行目に容易に移れないのである。時間をかけても分からずに、ゼミの当日を迎えることがしばしばであった。ゼミで学生が立ち止まってしまうと、先生がヒント等を与えてくださり、何とか先にずっていくのだが、このフーリエ変換の本は、なかなか進んでいかないのであった。業を煮やされたのか、出来の悪い学生にあきれられたのか、テキストを変えようということになった。

　今度のテキストは、出来の悪い僕にでも分かるのではないかと選んでいただいた『統計的決定理論』という本であった。代数志望が統計になったのである。しかし、決定理論という考え方を学ぶのは結構楽しかった。

　数学科では卒業論文の提出はなく、ゼミと研究発表が卒論の代わりになっていた。卒業前にゼミの発表会があった。ここでの評価が卒業に影響するというもっぱらの噂で緊張が走った。決定理論について僕が発表すると、多くの先生方から質問が出された。しどろもどろで答えたものの、そんなことまで質問しないでくださいよと言いたくなるほど愛情にあふれたものであった。

　その多くは「決定理論というのは役に立つのですか。私には大いに疑問があるのですが」という質問であった。「役に立つから勉強しているのです」と答えたかったのだが、その頃僕がやっていた決定理論は、日頃の生活経験あるいは勘で物事を決定するのと大差がないくらいのもので、そういうことを理論的に裏付けてみるという程度のものであったのである。

　他の学生の発表も聞いたのだが、内容はまるでチンプンカンプンで理解することはできなかった。発表している本人もあまり分かっていないのではないかと思わせるような発表も中にはあった。僕の発表もその範疇に入るものであったのは言うまでもない。

　しかし、ともかくも、これで大学４年間が終わるのかと思うと感慨深いものがあった。

7　教育実習

　大学の最終学年になると教育実習が約６週間あった。この実習を受けない
と教師としての免許がもらえないということで、教育学部系の学生には重要
な実習であった。当時の宮崎大学では、まず基本実習として附属学校で４週
間、地方実習として出身校等で２週間の実習が組まれていた。

　昭和30年代の附属学校の先生方には偉い方々が多く、ある面窮屈であった
が、教師になるための基礎をみっちりと仕込んでいただいた。学生の方もそ
れに応えるべく服装から違うのであった。普段の大学での服装は学生服、背
広、Ｔシャツ、ジーンズ、下駄履きなど自由勝手気ままであったが、教育実
習初日の朝は初夏の蒸し暑い日にも関わらず、全員が学生服であった。驚く
べき変化である。

　こうした実習の初日、白いワイシャツ姿で参加した学生が一人いた。開始
式をはじめ実習のオリエンテーションでは、附属学校の先生方は代わる代わ
る説明や諸注意をされるのだが、先生方もワイシャツ姿なのに「今日はワイ
シャツ姿で申し訳ない」などと、わざわざ断りを付けて話を始められるので
あった。ワイシャツ姿の学生はその言葉を聞くたびにいたたまれず、独り下
を向いていた。よもやこの自分が、下を向いたその学生になるとは、夢にも
思われなかった。

　季節は初夏、この期に及んで学生服でもあるまいと考えた末に、僕は昨日
まで着ていたよれよれの学生服を脱いで選んだのが一張羅のワイシャツであ
ったのである。教育実習の初日に臨む心構えが足りなかった、というよりそ
ういう慣習とか儀礼に疎かったのである。しかし僕にとってはよれよれの冬
の学生服よりワイシャツの方が少しは新しく、まだマシであると考えたから
にほかならなかった。

　チクリチクリと針に刺されるような想いで僕の実習は始まった。現在は、

クールビズなどといって涼しい服装が奨励されているのだが、当時は冷房などなく、ともかくかたちが重んじられていた。

　数学の指導教官は３人おられた。それぞれ個性的で学生目には怪物のような存在であった。附属中の先生方はただの教諭ではなく、文部教官教諭という物々しい職名を持っておられ、職員会も教官会と称しておられた。いかにも国立、官の学校という感じで、先生方の権威意識は相当なものと実習生には映っていた。

　実習で一番大変だったのは、指導案作りであった。手書きで、しかも万年筆ではなくインクのつけペンで書けということのようであった。字の下手な僕には、それだけで大きなプレッシャーがかかった。教材研究よりも何よりも、指導案を書き上げるということに必死にならざるを得ず、本末転倒も甚だしかった。

　教育実習中は「宮崎に下宿か間借りをせよ」とか「した方が良い」とか、大学からのお達しとも先輩からの忠告ともしれない噂が聞こえていたが、貧乏学生の僕にはそういうことは鼻から無理で、馬耳東風を決め込んだ。普段どおりに都城と宮崎間を汽車通学で通した。

　当時の附属中での実習は、夜中まで明々と電燈が灯り、指導教官の許可があるまでいつ帰れるのか見当もつかなかった。夜10時頃の最終便で帰り、朝６時頃の始発便で通う日々が続いた。睡眠時間を減らすことで指導案を書く時間を確保した。その日暮らしの実習であったが、たかだか一カ月、何とかなるだろうと気合を込めた。

　当時の教育実習の指導案つづりが今も僕の机の引き出しにあり、何かの機会に出して見ることがある。恐ろしく下手な文字、そして空疎な内容、指導過程の拙さ、などが一瞬にして見て取れる。それに比べて、指導教官の朱書きは几帳面な美しい文字で的確な評や注がたくさん書かれている。よくもこのような指導案がまかり通ったものだと、見るたびに赤面する。初心を忘れないためにこの指導案つづりは取ってあるようなものである。

　授業は自分ではこなしていたつもりで、授業反省会では少しは称賛の声が聞かれるのではないかと内心期待していたが、散々な評が待っていた。

「指導目標に対する押さえが効いていない」「自己満足の授業である」などと、実習生仲間の厳しい追及は尽きなかった。実習生という者は他人の授業の欠点や荒は見えるが、自分の授業については皆目見えないもののようである。そういう自己満足型の最たる僕は、皆の意見や感想に必死になって反論を試みるのであったが、多勢に無勢いつも負けていた。そして最後には「そんなら、お前がやってみろ」と言いたい気持ちを押し殺さなければならなかった。

　附属中の実習が終わる時、指導教官は「成長株である。将来に期待がもてる」という評価をしてくださった。その将来とはいつのことなのか、未だに実現していない。そういえば、ある書家が『大器晩成』という書を50代の僕に贈ってくれたことがあった。将来に期待しているが、50歳になった今もまだダメですよという評価であることにやっと気づかされた。それから20数年、古稀も過ぎてしまったが将来があるのか心もとない。

　地方実習は、日南市の中学校でお世話になった。生まれ故郷の都城市の学校では実習がなされていなかったので、やむなく日南市の中学校に配置された。都城から通うことを検討したが、日南市に下宿せよという達示があった。我が家のようなその日暮らしの家では、2週間の下宿代もままならないのだが、失対で働いていた母はこういうときのためにと蓄えてくれていたらしく、5千円を出してくれた。感謝で涙が滲んだ。

　宮崎大学の男子学生6人が同じ老夫婦の家に下宿することになった。静かな老夫婦の生活の中に、突然若い者が6人侵入してきたようなもので、大変なお世話をかけることになってしまった。

　ここでも、指導案作りが大変であった。数学科の学生は2人で、他は国語・社会・理科・体育の学生であった。狭い部屋の真ん中に近くの公民館から借りてきた長机を置き、その周りに雑魚寝した。夏の梅雨時で寒くもなく、そのまま寝ても風邪をひくことはなかった。指導案作りのため誰もが必死であったので、一晩中電気が消えなかった。思い思いに寝たり起きたりして指導案を朝までに間に合わせた。布団は持ってきているのだが、それを使う気配はなく、机の脇に倒れこむようにして眠った。

こう書くと、皆必死に教材研究をしていたように思われるが、そこは若い学生のこと、皆で金を出し合って焼酎を買い、飲みながら指導案を書いていくのである。朝は当然眠たく、ぎりぎりに起きるのである。学校までは歩いて20分くらいかかっていた。梅雨時で毎日が雨であった。学生は金を出し合ってタクシーで通勤することにした。学校まではさすがに気が引けるので、学校の300メートルくらい手前で降りるのであった。

地方に出てみると、附属中とは違った雰囲気があった。学力は附属中の生徒の方が粒ぞろいであったが、授業を受ける気持ちの純粋さは地方の方が勝っていた。といっても附属中の子どもたちは、教生が授業で教える前に塾や家庭教師から習って解決法を知っている者が多く、子どもたちにゆとりがあったということかもしれなかった。地方の生徒は、下手な僕たち教生の授業でも熱心に取り組んでくれた。しかし、理解の遅い子どもも少なからずおり、分かってもらうには相当の指導力と努力が必要であった。

また、学校にはいろいろな事情を背負った生徒たちがいるように感じられた。そういう子どもたちを一律に指導する困難さも味わった。教育実習は教科指導が中心に行われていたが、本当の教師になると生徒指導や生活指導などが不可欠であるということを予感させられた。一人ひとりの子どもをしっかりと見ていくことの大切さを地方実習では感じさせられた。

教育実習が終わって大学に戻ると、数学科では下級生が「教育実習報告会」なるものを企画してくれていて、実習の様子を話せという。参加者は下級生全員と大学の先生方も多かった。実習を終えた学生は、なぜか多弁になっていた。「自分はいかに生徒を教えたか」と成功事例や失敗を自慢げに、それも長々と語って聞かせるのであった。

実習先での授業や子どもたちとの交流体験を経て、実習生は教師になろうという気持ちが一段と高まっていたのである。教師は子どもによって育てられると言われるが、教育実習はそういうことを実感させられる場所だった。

教育実習が終わると教職員採用試験が間近かに迫っており、あたふたと試験勉強に取り組まなければならなかった。

第5章
公立学校教員時代の数学
昭和40年代

1　新米教師

　昭和42年（1967）、僕は大学を卒業すると同時に教員に採用され、県北の公立中学校に赴任した。22歳であった。学校は水田に囲まれた山の上に建っており、1000人に近い生徒がいた。2年生の学級と、教科は数学を受け持つことになった。

　この頃、数学教育界では現代化ということが重要な課題になっており、学習指導要領が発表され、それへの移行措置がなされようとしていた。まだ、昔の師範学校卒の先生方がおられる頃で、どういう改訂がなされるのか戦々恐々であった。

　「集合」という教材が導入されると、初めて見る記号や考え方などに教師は困惑するのであった。これまでの改訂とは全く違った新しい未知の内容が導入されたからである。その時節、ドリフターズの「全員集合」がテレビを賑わしていて、「集合」とは「集まれ！」という号令のことなのかという笑い話もあった。

　しかし、教師にとって、教えられないということになれば死活の問題であった。年配の教師ほどその危機意識は強かった。そこで、新採の若造であるが大学出の数学科卒ということだから、その力を試してみようと思われたのか、この僕に集合について話せという課題が与えられた。

　僕は、「集合」をはじめ現代化の新しい教材について紙にまとめ、校内の数学教科部会の中でその概要を説明した。ところが、これが案外と好評で、「分かりやすかった」「大学の先生のようであった」とか言われ、「これで安心した。明日から授業前にアンタに聞きに行くからな」ということになってしまった。

　僕にとってこういうことは初めてのことで、うれしかった。このことでは、後でオマケがついてきた。年配のT先生は、数学教育研究会の市の会長

や県の支部長をされており、今度の市教研で「お前が数学の現代化について発表せよ」と指名されてしまったのである。さすがに他校の先生方の前で話すことは恐れ多いことで尻込みしたが、校内で説明したようにやってもよいということで引き受けることになってしまった。

　そうしていたら、県の数学教育研究会というものがあるから、来年はそこで研究発表をせよと指名されてしまった。何も分からない若造が、あれよあれよという間に研究発表者までに祭り上げられてしまったのである。

　これはT先生の陰謀であったのかもしれないが、僕はそれを断ることをしなかった。おかげでそれ以来、事あるごとに研究発表や研究授業の役が回ってくることになった。それには、研究したり調査したりする時間やそれにかかる費用も必要であった。まして力足らずの者が発表までに漕ぎ着けるには、自分のなまけ癖との闘いでもあった。発表などを断らなかったのは、僕の生来のなまけ癖を直してくれる絶好の機会として考えたからでもあった。今でも、T先生を少し恨みながらも感謝している。

2 現代化数学の授業 （位取り記数法から）

　人間に指が10本あったから十進法が生まれたのだ、というまことしやかな説明が当時の学校ではなされていた。昭和40年代の教育課程における数学教育現代化のときである。集合や剰余系など新しい教材が、ある面脈絡もなくトピックス的に導入され、慣れない教材に教師も四苦八苦していた。

　数学研究大会などでは、そういう現代化教育の実践事例の発表が盛んに行われていたが、論理的な裏付けが弱く、断片的な知識を披露するぐらいのもので、議論も右往左往することが多かった。こういう中で、僕は県数研で「五進法」について授業することになった。

　まず試みたのは、記数法についてであった。黒板の端に「2」を書き、もう一方の端に「3」を書いた。「黒板に何が書いてありますか」と問うと、「ニとサン」という答えが返ってきた。

　そこで、今度は黒板の中央付近に「2」と「3」を近づけて書いて「黒板に何が書いてありますか」と問うと、今度は「ニジュウサンです」という答えが返ってきた。

　「さっきはニとサンでしたが、今度は『ニジュウサン』と読む。どうしてですか」

　「離れすぎているときはニとサンです。近くで並んでいるからニジュウサンです」

　「2を『ニジュウ』と読んだのはなぜですか」

　「そこは十の位だからです」

　「すると数を書いた位置で位を表すのですね」

と言いながら、記数法について説明を試みた。

　まずは十進法での書き方である。

　例えば「さんびゃく　にじゅう　よん」は「324」と書き、

$$324 = 300 + 20 + 4$$
$$= 3 \times 100 + 2 \times 10 + 4 \times 1$$
$$= 3 \times 10^2 + 2 \times 10^1 + 4 \times 1$$

　1が10個集まったら10、10が10個集まったら100、100が10個集まったら1000と位が上がる。数字の位置によって位を読む、これが十進法の記数法である。

　十進法以外にも、子どもたちの生活の中に受け入れられている数として、時間やダースという数え方もある。

　　60秒で1分、60分で1時間、などは60進法の考え方

　　鉛筆12本で1ダース、12ダースで1グロス、などは12進法の考え方

　そういう日常的体験をもとに、5になったら位が上がるという五進法を導入することにした。五進法は、

　　0，1，2，3，4，10，11，12，13，14，20，21……

と数えていくことになるが、問題は「10」の呼び方である。

　「五進法には『ジュウ』という数字はないので、イチゼロと呼ばせるべきである」というのが指導書にもある大方の意見であった。だが子どもたちは平気で「ジュウ」と呼び、違和感がない。僕も、「10」はジュウと呼んで差し支えないと考えて授業を進めていった。これが後の研究会で紛糾した。

　324は「サンニヨン」と呼ぶべきで、「サンビャクニジュウヨン」と呼ぶのは誤りであると断定されるのであった。

　五進法の324は、

$$324 = 300 + 20 + 4$$
$$= 3 \times 5^2 + 2 \times 5 + 4$$

五進法では1が5集まれば10、10が5集まれば100と位が上がっていくのである（十進法の数に直すと324＝3×25＋2×5＋4＝75＋10＋4＝89である）。

　子どもの理解は、数を1の位の数、10の位の数、100の位の数というように、数がある位置で読み、五進法の324は『三百二十四（サンビャクニジュウヨン）』と呼ぶのは何でもないことであった。しかし、教師たちは「今日の授業はとても分かりやすかった」と評価しながらも、「三百二十四」という

呼び方には拒否感が強かった。

　二進法について学習すると、位の名称が瞬く間になくなる。

　二進法の数は

　　10，11，100，101，111，1000，1001，……

と瞬くうちに千の位になり、万、億、兆……と位がどんどん上がっていくのである。これを何百何十何と呼んでいくのは並大抵なことではない。しかも、書くことさえも億劫になる。

　2進法の1111は

　　$1111 = 1 \times 2^3 + 1 \times 2^2 + 1 \times 2 + 1$

ということで、十進法に直すと15という数になる。この1111をどう呼ぶか意見の分かれるところであるが、理解ということを中心に置けば、呼称については目くじらを立てるほどのことでもあるまいと思っている。

　コンピュータにおける計算は二進法によるものであるという。コンピュータの動力である電気にはプラスとマイナスの2種類しかないので、それらを0と1に置き換え二進法で計算させているのである。計算機の表示板には十進法の数が表れるが、内部では二進法の膨大な桁数の計算をしていることになる。

　今の計算機はそれを一瞬のうちに処理する能力を持っている。僕の大学時代（昭和30年代）の計算機は、タイプライターのように大きく計算も遅かった。表示板も液晶ではなく、計算途中の数字が何回も点滅した。しかもガチャガチャと音を立てながら計算するのであった。いかにも機械という感じである。それに、値段はとてつもなく高かった。

　昭和40年代の後半あたりから、電子計算機が売り出され電卓として重宝がられた。段々と小型化し計算機能は目覚しく向上していた。そして値段も嘘のように安くなった。そして、電卓を授業の中でどう使っていくかということが研究課題ともなっていった。

　ところで、先の数字の読み方論争であるが、これは長く続かなかった。ど

第5章　公立学校教員時代の数学　　199

ちらにしろ後の学習には、何の差し障りもなかったからである。というより、後に発展的に取り扱う教材が学習指導要領にも教科書にも、何も示されていなかったのである。そして、次の教育課程改訂ではこの教材は中学校からあっさりと姿を消してしまった。

　系統的に積み重ねていくという教材でもなく、発展性にも乏しかったからであったのかもしれない。それに、十進法の記数法もままならないのに五進法や二進法などの考えは結構難しく、子どもたちが数学離れを起こすのではないかと懸念されたのである。

　数学教育の現代化で取り上げられたトピック的な教材はこうして終わっていった。ただ、数学教育の現代化ということは必要かつ大切な課題であり、取り上げる内容や教材としてて何が相応しいか真剣に検討されなければならないことは言うまでもない。

3 「落ちこぼれ」か「落ちこぼし」か

　昭和40年代の数学教育の現代化では、「集合」や「剰余系」などの新しい概念が教科書にも取り上げられ、教科内容が複雑化というか総花的になってきた。そして４、５年経った頃「７・５・３」という言葉を耳にするようになった。算数・数学の内容をほぼ理解しているのは、小学校で７割、中学校で５割、高校になると３割というものであった。事実であるかどうかは誰も分からないのだが、まことしやかに喧伝されていた。そして、理解不足の子を『落ちこぼれ』と言ったりして、

　　「我が学校には落ちこぼれが５割もいる。教科書の内容が多く、難しくなったからだ」

　などと論争が始まった。しばらくすると、

　　「落ちこぼれとは何ごとぞ。落ちこぼしではないのか」

　という論調もでてきた。理解不足は子どものせいではなく、理解不足にさせている教師の指導法や、詰め込み教育にせざるを得ないのは学習指導要領で締め付けている行政の責任ではないかという主張であった。

　これを言い出したのは、はっきりとはしないのだが、遠山啓が会長の数教協（数学教育協会）あたりから出た言葉らしい。数教協は数学教育の民間運動団体で算数数学指導法に一石を投じていた。遠山は、学校で行われている算数・数学の教科内容や指導法について批判的で、『水道方式』という「一般から特殊へ」向かわせる計算過程の仕組みを打ち出していた。

　また、旧来の「数え主義」を排し、数の指導に量という概念を取り入れた指導を提唱し、位取り記数法などの指導に「タイル」を使った指導法を試み実績を上げていた。そして「楽しい授業」ということを旗印に、ゲームなどを取り入れた授業や独自の教科書副読本を作ったりしていた。

　こういう数教協の活動は日教組（日本教職員組合）にも支持され、広まりを

見せたが、文部省との軋轢を生むことになった。そして、研究団体である数教協が次第に運動団体としての活動を呈するようになり、「落ちこぼし」の原因は学習指導要領をはじめとする教育行政のせいにある、というような雰囲気を醸し出すようになっていった。

「楽しい授業」「タイル」は数教協の大きな武器であったが、大きな広まりにはならなかった。位取り記数法では力を発揮した「タイル」ではあったが、その成功をかけ算やわり算等にも応用しようとする動きが数教協に出てくると、子どもたちはその説明に混乱したのであった。子どもたちから出てくる発想ではなく、教師がまず「教え込み」をしなければ分からない指導法になってしまったのである。

地方の一部教師の中には、タイルを使った指導は数教協のものであるから、会員以外の教師がタイルを使うのは許せない、などという雰囲気を醸し出すこともあって、数教協の活動はだんだんと周りからの支持を失っていった。

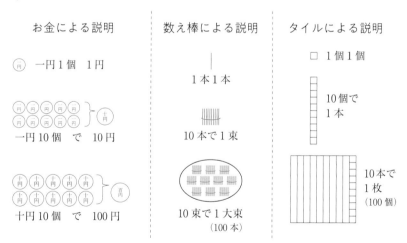

「遠山啓先生来る〜これで算数・数学嫌いはなくなる〜」というような宣伝で、宮崎でも講演会が開かれたことがあった。PTAのお母さんや学校の教師が大勢参加し、どうすれば算数ができるようになるのかと固唾をのんで

聞いていた。ところが遠山啓は、教育行政の欠点や楽しい算数については語るのだが、いっこうに学校現場の段階におりてこないのである。今か今かと待ち構えているうちに講演は終わってしまった。

　我が子の算数嫌いをなくすために何をすればよいのか、と心を痛めながら参加していたお母さん方は、何のために参加したのかと不満顔が多かったのである。僕は数学教諭として参加していたが、遠山の学者としての素晴らしい一面を見るとともに、教育実践者としての弱さも一方では感じていた。問題に対する数学的な見方や考え方は、当然のごとく的確で妥当なのだが、子どもの心理への洞察や対応が十分でないということであった。だから、お母さん方が望む話のレベルに落とせないというか達し得ないのであった。それよりも何よりも、彼の学者らしい講演は理屈っぽく面白くなかったということであった。

　数教協は、遠山啓という支柱を失うと急速にその活動は弱まっていった。ただ、彼らが考えたタイルなどのよさは少なからずその後の教科書作成にも影響しており、功績を残しているように思う。

　昭和50年代になると、数学の現代化で新しく導入された教材の内容が多過ぎ、しかも子どもたちが十分に消化せず「落ちこぼれ」とか「落ちこぼし」という様相を示したことから、大幅な内容削減が行われた。

　一般の二次関数や初歩の三角関数が中学校からはずされ、高校に移行された。教育界は『ゆとりと充実』という時代に入っていった。平成の時代になっても、数学の内容削減の波は治まらず、精選とか厳選とかいう名の下で、中学数学の内容はやせ細っていった。

　当時の文部省には、内容を厳選し難易度を下げていけば、生徒は理解が進み、皆100点を取ることができるという考えがあった。しかし、現場の教師には、全ての者が100点をとるという世界は不可能であることを経験的に知っていた。まして内容削減に伴って履修時間も削減という方針は、指導現場に面白味のない内容を、しかも少ない時間で教えるという、二重の苦痛を与えることになった。

第5章　公立学校教員時代の数学　　203

　僕はその頃から、日本全体の学力低下の予感があった。目の前にいる僕の見る児童生徒の実態と、文部省の実態把握やそれに伴う教育施策の考え方や方針に、大きな隔たりがあるように感じていたからである。特に、内容を減らせばできる子が増えるという文部省の考え方の中に、その後の学力低下の萌芽があった、と考えている。

・内容を減らせば理解が進み、「7・5・3」などという世評も緩和される
・「ゆとり」を前面に出して時間削減を進め、詰込み教育から脱皮する
・模擬テストを学校から追放し、受験競争のイメージを和らげる

　等々は、世間の空気を敏感に感じ取った文部省の対応であり、一見理想に迫る施策のようにも感じられるが、実はこれらの施策が日本全体の学力を低下させた原因であると考えている。

　子どもたちというものは、内容を下げると、その内容に応じた努力しかしないというところがあり、当然に学力の水準は落ちてくる。程度を上げてやれば、その程度に応じた努力がなされ、学力の水準は全体的に上がるのである。できる者とそうでない者はどういう環境になっても存在し、無くなることはない。それが教育現場の現実である。

　ただ、能力の有無に関わらず、一定水準の学力を付けさせることは学校現場の大きな課題であり、常にその対策を考えていかなければならないのは言うまでもない。正規の授業時間内にそういう手立てを取る工夫はもちろんだが、どうしてもそれを補う時間や人材も必要になっているのが現実である。そういうところへの教育行政の視点と厚い配慮が望まれるのである。

　模擬テストの追放も、ゆとりの観点からすると効をなしているように感じられるが、都会のように塾や予備校もない地方では進路指導等に支障をきたすことになった。平成になって、模擬テストは一斉追放という文部省の強い達示があって、地方は混乱し、業者が行う模擬テストから校長会などが作成して行うテストなどに改変するなど様々な対策が練られ、地方はいよいよ忙しさの中に追い込まれた。

　文部省の方針は、子どもたちの学習実態を教室感覚で論議されたとは思え

ない施策であるように感じられた。その後、文部科学省の全国学力調査や
OECDの学力調査などで、結果が公表されると学力低下論争が始まった。文
科省は授業時数や教材内容を増加させる方向へシフトを変えてきた。

　国民性なのか、日本は学力調査の結果に一喜一憂し、マスコミは学力向上
へと追い立てる。しかも、その学力とは他と比較するための相対的な学力で
あり、いたずらに競争心をあおることになっている。

　OECDの調査で、日本は読解力が劣っているといわれると、PISA型の学
力（p.276に詳述あり）が必要だと教育界を巻き込んで右往左往する。OECD
の調査結果が悪かった原因は、PISA型の試験問題形式に受験当時の子ども
たちが慣れていかっただけなのである。数年後にあった調査では日本はまた
盛り返しつつある。これは、PISA型の問題形式に指導のシフトを変え、生
徒もそれに慣れてきた結果であって、ことさら学力が伸びたからというわけ
でもないという感覚を僕は持っている。

　僕は日本の学力低下を懸念しているが、それは決して全国学力調査や
OECDの学力調査の結果を憂えてのことではない。子どもたちが真に日本を
支えていくための学力とは何かということを見極めながら、意欲や態度など
を含めた子どもたちに役に立つ学力を構築していくことが大切であると言い
たいのである。

4　平均値の考え方

　集団の数的特徴を表すのに、平均を用いることが多い。ことに日本人は平均値が好きなようである。日本人の平等思想の表れかもしれない。とにかく平均を出したがる。総量を全個数で割って出される数字は平等の基準になるのではないか、という幻想や思い込みがあるかのようである。

　平均は集団の特徴を表す代表値として重要であるが、時に特異な数値によって平均が上下するので注意したい。

　「お母さん、お小遣いを上げてよ」

　「お友達は皆どれくらいもらっているの」

　「クラスの平均は月5000円くらいかな」

　「まあ、そんなに……」

　実はこのクラスには大金持ちがいて、１カ月の小遣いが15万円という子が１人いたために、平均すると5000円くらいになったのである。

　「大方の友達のお小遣いはいくらぐらい？」と聞くと、

　「大抵の友達は、1000円くらい」という。

　もらう小遣いを分布表などに表して、クラスで多くの者がもらっている金額はいくらくらいかということを調べるのが、このクラスのお小遣いの代表値としては適当であろう。この値を**最頻値**（モード）という。「この秋のトップモード」などと、ファッション雑誌などに掲載されていることがあるが、モードとは流行りということである。

　しかし、お母さんとしては、「じゃ、あなたも1000円にしてあげようね」とはしたくない。お母さんはさらに、

　「クラスの人を小遣いの多い順に並べたとき、真ん中くらいの人のお小遣いはいくら？」

　「800円くらいかな」

お小遣いを高い順に並べて、クラスで真ん中にあたる人の額を聞いて判断しようとしているのである。この値を**中央値（メディアン）**という。

平均や**最頻値**、中央値を勘案して、お母さんはお小遣い額を算段するのである。集団の特徴を平均だけで考えることは大いに危険である。

とはいっても、平均値は**偏差値**などとの関係で利用度が大きく集団の傾向を表す代表値として重要であることには違いない。

全国の学力調査があり、その結果が発表されると県別平均などが新聞に掲載される。そして「○○県第１位」という見出しが躍る。平均を順に並べると確かに順位はつけられるのだが、平均が１、２点差の中にひしめいているものに順位をつける意味があるのか疑問である。100m短距離走で零コンマ何秒を争っているわけではないのである。集団の傾向を知るための調査が、平均値でもって順位が付けられ、無用な競争をあおるものになってしまう。数値化の恐ろしさはここにある。

こういう調査で大切なのは、平均そのものより、どんな問題にどれくらいの者が正解し、どのような解答や誤答が見られたかなど、集団の分布や解答の傾向を把握することにある。そして、それを詳細に分析しその後の指導法や政策に活かすということにある。

もう一つ忘れてはならないことは、その問題が調査の問題として適切であるかどうかを検証する必要もあるということである。試験（調査）が終わると、とかく受験した児童生徒の出来不出来だけが話題になり、問題の程度や出題の仕方など出題者側の意図や出題内容などの是非の検討を疎かにしてしまう傾向がある。

特に出題者側にやってほしいことは、各問題についての**通過率（期待する正解率）**をあらかじめ設定しておき、それを公表していただきたいことである。どの問題も期待する通過率は100％というのであれば、あまりにも集団を知らなさすぎる出題の仕方である。

子どもたちがあくせくして順位を気にする教育ではなく、子どもたちが将来にわたって大きく伸びていく教育の充実を目指していくのでなければならない。

5 偏差値問題と進学指導

　学校では中間や期末のテストが終わると、採点が始まる。規模の大きな学校では複数の教師が同じ教科を受け持っているので、他の教師が教えたクラスには負けたくないという競争心も芽生えるのであった。また、自分が作成したテスト問題であれば、生徒の出来不出来が気になった。教え方がまずかったのではないか、問題が子どもたちの実態に合ったものであったかどうかなど、様々な思いをしながら採点する。

　僕が教員に採用された昭和42年当時は、試験の点数そのものに重みがあり、満点（100点）に近い点数をどれだけ取れるかにかかっていた。

　数年後、テストの処理はそれだけではだめで、偏差値をつける必要があるという主張がどこからとなく流れてきた。教師になりたての僕には分からなかったが、当時の教務主任会か進学主任会などがテスト業者などの指導を受けて提唱してきた感がある。ところが、「偏差値って何ね」という質問があちこちから起こってきたのである。学校の教職員にも的確に答えられる者は少なかった。

　そのうちに、教材納入業者が偏差値換算表なるものを持ってきて、この物差しを使えばたちどころに試験の生点（素点・疎点）を偏差値に換算することができると宣伝するのであった。今ならコンピュータに素点を入れるだけで、たちどころに平均から標準偏差から個人の偏差値まで出してくれるが、昭和40年代はそういう便利な機械もなく、多くは手計算であった。偏差値換算表なるものが導入されても、偏差値そのものの意義がわからないから、生徒や保護者は偏差値をもらっても何のことか理解できなかったのである。

　「お前は数学の先生だから、偏差値の意味について保護者向けのパンフレットを作れ」と校長あたりから頼まれたが、若輩の僕には、偏差値の出し方は説明できても、その意味合いをしっかりと伝える力量がなかった。だか

ら、PTA参観日などでパンフレットを配ったのだが、何のことか分からないと散々な評価が保護者から返ってくるのであった。平均は別として、標準偏差なるものは何であるかを保護者に説明するのはなかなか難しかった。「ちらばり」具合ですといっても、理解をいただくことはなかった。

そのうちに用語の意味を説明するより、偏差値の見方・考え方そして活用の仕方を広めた方がよいということになった。だがこれも、苦労した割には保護者に理解してもらうことは難しかった。

・素点が80点、平均が60点と同じなのに、前回偏差値は65、今回は58というのはどうしてか。
・同じ100点をとっても、偏差値が75になったり、60になったりするのはなぜか。

などの質問が多く出た。

保護者だけでなく教職員の中からも出てくるのである。集団が違うからですとか、散らばり方（標準偏差）が違うからですとか言うのだが、なかなか分かってもらえない。挙句の果てには、

「テストの成績は素点のままの方がよい。テストは100点を取ることに意義があるのだ。相対評価とかいうけれど、教師が出した問題に100点をとれば問題ないではないか」

などと反論となって返ってくるのであった。

そうこうするうちに数年経ったとき、この問題はあっけなく解決した。というより、疑問や質問が出てこなくなった。子どもが中学校を卒業し、高校に入り大学入学を目指す頃になると、東大の予想合格偏差値は75以上とか、○○大学の合格ラインは偏差値60前後などという言葉が飛び交い始めたからである。

偏差値の意味合いはわからずとも、偏差値によって大学入試の格付けや合否が決まるらしいということを知ると、親たちはその偏差値達成のために子どもを叱咤激励する方向に向かっていって、偏差値の意味を聞く親はほとんどいなくなった。そして、受験予備校あたりが出す各大学の合格ライン突破に向けて一喜一憂するのであった。一方、「偏差値による進路先の選別」と

か「輪切り」「足切り」などといった不穏な言葉が流行り、社会問題になった。その結果、偏差値は大分悪者になってしまった。

　そんなこんなを経て、進学、特に大学受験に関わって偏差値が多用され出すと、いつしか偏差値とはそんなものかと疑問を持たないようになっていった。今日のように、偏差値という言葉が普段に使われるようになると、誰も偏差値の意味を聞かなくなった。ただ、それは慣れであって偏差値の意味や意義が理解されているわけではなさそうである。「習うより、慣れろ」ということの見本のような出来事であった。

6　統計と評価

　自然界や世の中にある事象を、例えば身長順とか体重順などに並べてその分布を調べてみると、背の高い人の数は少なく、中くらいの背の高さの人が多いということがある。これをグラフで表すと、富士山のような真ん中が高く両裾が低くなっている形になることがある。この分布の形を「正規分布」あるいは「正常分配曲線」といっている。これは平均の値を頂点として左右対称な山形の分布ということである。

　これは昔、ある国で兵隊さんを急ごしらえで集めた時、階級を決めるのに知能検査を行った際に表れた分布であったともいわれている。正規分布には、下図のように裾野が広いものもあれば、裾野が狭く急に山が高くなっているものもある。調べる集団によってその特徴が現れるのである。

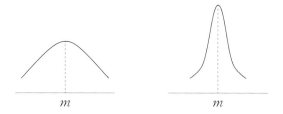

　その特徴を標準偏差という値で表すことが統計では行われている。標準偏差とは、その集団の個々の値が平均からどの程度離れているかということを表す値で、一般的には裾野が広い分布では大きな値に、裾野が狭い分布では小さな値になることが分かっている。実はこの標準偏差を使って、個々の値は偏差値に換算されているのである（平均と同じ値は偏差値では50となるように換算の式は考えられている）。

　この偏差値を、正規分布の中に当てはめてみると、平均値の偏差値50を挟んで偏差値45〜55には集団の32%が存在することが計算上分かっている。

この分布を5段階に分けると偏差値65以上7％、55以上65未満24％、45以上55未満38％、35以上45未満24％、35以下7％となる。

　子どもたちの成績もこの分布に従うのではないか、と考えられて導入されたのが5段階の相対評価である。偏差値65以上の者7％を評価5に、55〜65の者24％を評価4に、……と順に、ある面機械的に当てはめようとしたのが相対評価なのである。

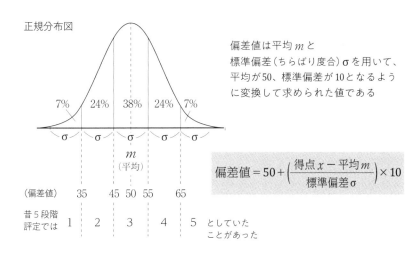

　昭和50年代、この相対評価が幅を利かせ、教科の評価はもちろん、高校入試における願書などの成績も、この7・24・38・24・7の比率によって提出せよという風潮が高まり、偏差値万能の時代になってしまった。

　80点という点数を努力してやっと取ったのに、クラスの平均が80点であったために偏差値は50となり、評価はまた3と変わらない。これでは努力のし甲斐がないという意見も多く上がった。

　80点も取れば、その教科の目標を十分にクリアした成績であるはずなのに、5や4の評価にはならず、他人と比べる相対評価では3にしかならないという、その評価の在り方が問われるようになった。

　その後、評価は相対評価から教科目標の達成度や努力などを認める個人内評価や絶対評価が重視されるようになった。

7　数学教育研究大会

　教師の教師たる所以というか資格は、その教師の研修の深さにあると考えている。学校では、教科指導をはじめ道徳や生徒指導などたくさんの研修が仕組まれているが、この研修を活用して、教師はまず指導力の向上を図っていかなければならない。おざなりの研修にならないように、教師自身が目的意識をもって研修に取り組む姿勢が大切である。

　僕が教師になった昭和40年代の研修課題は教科指導であった。いかに子どもたちに分かりやすく楽しい授業をするかということであった。

　その頃の教師たちには、教科の指導では他の教師には負けないぞという気持ちが強く、切磋琢磨の気概があった。定期テストなどで自分が教えているクラスが他のクラスに負けようなら、歯ぎしりして悔しがったものである。ただ、このような気持ちは、下手すると子どもたちにドリルを強要することにもなりかねず要注意であった。要は、どういう授業を目指して子どもたちが主体的に学ぶ力を養うのかという指導法の研究にかかっていた。

　各教科ともそれぞれに研究組織を持ち、校内研修から市町村の教科研究団体、そして県の教科研究団体へと組織化され、昭和40年代から50年代は教科研究の全盛時代であった。算数・数学科の研究では、宮崎県数学教育研究会が組織され、その上部団体に九州数学教育研究学会や日本数学教育研究学会が組織され、毎年研究大会が開かれていた。

　前にもふれたが、僕は、教員に採用された時からこれらの研究会に引っ張り出された。まず、市の教育研究会で発表せよというのである。何も研究していないのに発表せよとはいささか乱暴な話であった。しかし数学教育の現代化ということで、新しい概念が教材としてたくさん導入され、当時はまだたくさんおられた師範卒のベテランの先生方には、集合の概念など記号や用語さえも指導するのに覚束なく、発表どころではなかったのである。

２年目には県数学研究大会で発表し、３年目には全国大会で発表することになった。全国の数学教育の猛者たちを相手に発表するなんて、身震いするような思いなのだが、その時は「おお、なんでもこい。やってやる」という気持ちになっていたから、身の程知らずもいいところであった。

　全国大会は熊本であった。全国大会の発表者となったということで、僕は何を思ったのか背広を作ることにした。それまで夏の背広を持っていなかったのである。夏の暑い盛りの研究大会に背広着用が必要なのかどうか分からなかったが、気分としては晴れの舞台には背広が必要だと思ったのである。クールビズというような発想がなかった時代であった。熊本についてみると、その暑さは相当なもので結局背広を着る機会はなかった。

　研究発表の方も芳しくなかったのであろう、これといった質問もなく、これからはもっと頑張れよというエールをもらったような感じで終わった。

　県数学教育研究大会は各支部の持ち回りで行われていた。宮崎市で行われるときは、九州大会や全国大会を兼ねていた。

　ある年、故郷の都城で行われた県数学研究大会は台風並みの大雨に見舞われ、帰省していた我が家は床下まで浸水し、研究発表どころではなかった。その大会の発表者は沖縄で行われる九州大会でも発表することが義務付けられていた。

　その頃の沖縄は本土復帰から数年も経ない時期であり、九州数学教育研究大会が沖縄で開催されるのは初めてのことであった。鹿児島の港から沖縄丸という１万トン級の船で沖縄に渡ることにした。ところが、この時も台風接近で海は大荒れで出港ができず、１日遅れで台風が通過すると同時に、船は鹿児島港を出港した。波は大きくうねり船は前後左右に大きく揺れた。船酔いが激しく、夕食は一口食べただけで吐き出してしまった。どう寝たかも分からない。朝方目覚めると船は那覇の港に着いていた。波もなく静かな夜明けであった。

　ここでの発表は、数学教育の現代化についての考察を行った。そのため学校では、剰余系などの１つの単元を通して研究授業として設定し、他の先生方にも見てもらいながら検証していった。結論として、現代化の五進法や剰

余系などの教材はトピックとしては面白いが、体系化された教材になっていないと現代化教材に疑問を投げかけるものとなった。

　そういう僕の発表は、ある教科書の編集委員で文部省筋の指導助言者には不評で、「そんなことでは困る」とお叱りを受けるようなものであった。

　ところが、その後数年も経ないうちに、この現代化教材は教科書からほとんど消えてしまった。僕が発表した頃には、文部省でも現代化教材に対する危機感があったのかもしれなかった。教科書会社にすれば、苦心惨憺して現代化の教材を作ったのに、そう簡単に変えてもらっては困るということであったのかもしれない。あるいは文部省に気兼ねしての助言であったのかもしれない。

　日本に復帰したばかりの沖縄での大会は、数学教育研究というよりも、沖縄の現状を知るための大会でもあった。車窓から見られる当時の沖縄は、僕が20年前に経験した戦後間もない我が故郷の風景であった。

　発表が終わると、僕は一人でタクシーに乗り琉球大学に向かった。その頃の沖縄は車が右側通行の時代で、タクシーに乗っていて車とすれ違うごとにヒヤヒヤしていた。感覚がつかめなかったのである。大学は首里城の跡にあった。台風が通過した直後であったので、古めかしく重そうな木造の鎧戸が濡れて、風にゆらゆらと揺れていた。まるで廃屋のような大学校舎であった。僕の出た当時の宮崎大学も古い木造の校舎であったが、それよりももっと悲惨な感じであった。

　翌日は、教育視察ということで沖縄の町や村をバスで回った。嘉手納基地や南部戦跡など沖縄の現状をため息が出るような感覚で見て回った。その頃は今のように観光化されておらず、海や照りつける太陽の明るさに比して街並みはくすんだ色をしていた。山々に緑はなく、はげ山の様相で、沖縄独特の形をしたお墓ばかりが目立っていた。

　終戦後30年ばかり経っていたが、同行していた先輩教師の「内地の終戦当時みたいだ」という言葉が耳に焼き付いて離れなかった。瀬長亀次郎著『沖縄からの報告』(岩波新書)によると、その頃沖縄の主な産業は金属業であっ

た。金属業といっても屑鉄の回収業のことで、戦争で沈んだ船や大砲などを海中や原野から拾い集めて生計を立てているとのことであった。その風景は街のいたるところで見ることができた。嘉手納基地の広大さと民の細々とした暮らしのコントラスト的印象は、今もなお消えていない。

　僕は数学教育研究大会にはほとんど参加し、県中学数学テストや問題集作りなども手伝うようなり、宮崎で行われた全国大会では裏方として寄付集めや紀要作りなどに駆り出された。

　県教育庁の指導主事になってからは、ときどき助言者として数学教育研究大会に参加させてもらったが、時代の流れは教科指導から生徒指導を主体としたものに変わり、数学教育研究会など教科研究団体の会は往年の活気を失いつつあった。教師の多忙化ということもあり、教科研究団体の発表会なども隔年ごと開催ということになってしまった。数学科だけは小中高大が一緒になった研究会として何とか毎年開催を維持しているが、参加者は大分少なくなってきている印象である。

　教師の指導力の向上はいつの世にも求められるものである。それだからこそ、こういう研究大会に参加して、教師の指導力の向上を図ってほしいものである。同じ教科の教師同士の切磋琢磨が、子どもたちの学力を向上させるのである。

8 公立学校での授業 （集中力と速さ）

　教師になって、子どもたちから授業について言われた感想で一番うれしかったのは、

　「きょうの授業は、10分か、15分かのようだった」

　という言葉である。50分間の授業が終わって子どもたちから出た感想であった。

　「もう終わりなの。早い」

　という言葉もあった。満ち足りたという表情で、子どもたちから自然に起きた声だった。別に授業の評価や感想を求めたわけではない。

　「きょうの数学の1時間は15分くらいに感じられた」

　という言葉は、子どもたちがいかに集中して取り組んでいたかということの証であった。

　彼らは問題解決に没頭していたのである。隣の者と話し合うこともせず、問題と向き合い、格闘し、そして「できた」という喜びに浸ったのである。こういう授業の時の子どもたちの伸びは各段によい。ぐんぐんスピードを上げても、内容が少し難しくなっても、子どもたちはしっかりと食いついているのである。生徒個々の満足感はもちろんのこと、クラス全体がそういう雰囲気に包まれたということなのである。

　こういうこともあった。中体連の夏の地区予選が体育館であったことがあった。あいにく平日であったため一般の生徒は授業ということであった。子どもたちは体育館に応援に行きたくて行きたくて仕方がない。僕が教室に入ると代表が、

　「応援に行かせてください」

　と頼んできた。僕の答えは、

　「駄目。今日中にどうしてもやっておきたい内容がある」

であった。彼らはなおも食い下がり、

「今日の分が、全部終わったら行かせてください」と言う。

「全てを全員が解けたら、そうしてやろう」

と釘をさして授業を始めた。子どもたちの目の色と雰囲気が違ってきた。ものすごい集中力である。黒板に書く例題への回答もてきぱきとするのである。2、3題の練習問題を解かせながら、生徒の机を覗くと、みんな真剣、そして出来もよい。

理解の遅い子どもも机間指導で把握し、間違いの傾向や特徴もつかめたので、その部分の説明を加えた。そして、十数問の問題を出して、これが全員解けたとき、授業を終わると宣言した。子どもたちは解き始めた。物音ひとつもしない。鉛筆を走らす音だけが聞こえるばかりである。ものの3分もしないうちに、最初の子どもがノートを持ってきた。僕はペンで丸をつけてやった。満点である。次々とノートを持ってくる。満点が多い。間違えた者が再度挑戦して持ってくる。今度は丸だ。友達のノートを引き写して持ってくるような者はいない。

ただ、あの子は無理かも知れないと思っていた生徒がいた。すると、早くできた生徒数名がその子に教え出したではないか。それも答えそのものではなく、やり方を教えているのである。何か僕は熱いものを感じながら、見守っていた。すると数分してその子がノートを持ってきた。ノートを見ながらどう解いたのかと聞くと、たどたどしいが内容を理解をしていると感じられる説明ができた。

「全員が満点だ。本日の授業はこれで終わりだ。静かに体育館へ行きなさい」

授業が始まって約20分後であった。この時の内容について後日問題を解かせたのだが、定着がよく、ほとんどの者が正解であった。こんなときの生徒の集中力はもの凄い力を発揮するものだと感心してしまった。

この授業は、子どもたちが自分にぶら下げたニンジンにより達成した授業であった。しかし、いつもこうなるとは限らないのが授業というものである。子どもたちに分かりたい、できたいという気持ちや意欲があれば、では

なく、教師がそういう雰囲気を育てられれば、活発で楽しく密度の高い授業が展開されるのである。

　生徒に集中する授業を求めるとき、教師は面白く興味深い教材を持ってくる必要があるが、集中力を高めるには、もう一つの視点からの仕掛けも必要である。それは、子どもたちに与える課題や問題に適度なやさしさと難しさがあることである。

　やさしい計算や問題を解くことでリズムを作り、集中していく雰囲気を教室に作るのである。それができたら少しスピードを上げる。そして次に、できそうではあるがちょっと難しいという程度の問題を提示するのである。すると、子どもたちは自力解決に向けて懸命に努力し始める。

　グループ学習や協力学習など、最近は様々な手法が取り入れられた授業がされるようになった。全員が集中してグループ活動等に参加していれば効果は大きいのだが、無駄な話し合いや、何もしていない、考えようともしない子どもの存在も目につく。一人ひとりが自立していないときのグループ学習は無駄なことが多い。少なくとも、グループの成員が課題解決に向かう姿勢を持っていることが必要である。グループ学習はあくまでも個々の生徒の自力解決を目指した協力学習でなくてはならない。

　そういう雰囲気を教室にみなぎらせるのは、教師の指導力と人間性である。指導力があれば一見何でもできそうであるが、教師への信頼なくしては子どもたちの真からの動きは望めないのである。逆に、教師の人がよければ子どもたちの力は伸びる、とも言えない。指導技術のない教師の指導は無駄が多く効率性に欠けるからである。限られた時間内に、何をどう子どもたちと考えていくのか戦略性も必要である。

第6章
国立学校教員時代の数学
昭和50年代

1　基礎・基本と応用 (公立中と附属中)

　公立の中学校に11年間勤めた後、全く考えもしていなかった国立大学の附属中学校に異動することになった。

　その学校に行ってみると、酒席の場であったが、校長が、

　「あなたはこの学校に来るはずの人ではなかった」

　と暗に別の対象者がいて、何かの都合で仕方なく僕になってしまったということのようであった。僕にしても諸県弁を使える郷里の学校で働きたいと思っていたので、

　「私も、この学校に来るはずではありませんでした」

　と応えた。

　始業式の新任紹介の中で、僕は生徒たちを前に、

　「公立学校では、基礎・基本を中心とした授業をしてきましたが、附属中の皆さんとは応用や活用を主とした授業を展開していきたい」

　という趣旨の話をした。

　当時、県内で試験を経て中学校に入るという学校は附属中と私立学校１校があったのみで、ある面特別な存在であった。授業に行ってみると、さすがにできる子どもたちであった。というより、できないと思われる子どもがほとんど見当たらないのである。だから最初の頃は、教師がことさら説明を加えなくともどんどん解いてくれるのであった。しかし、しばらくすると、本当に子どもたちは基礎的・基本的なことが分かって解いているのだろうかという疑問を持ち始めた。

　計算や解法の根底にある基礎的・基本的なことを質問すると、案外と分かっていない子どもが多いことに気づいたのである。そこで、附属中においても数学の基礎・基本を徹底することにしたのであった。

　しかし、ここでいう基礎・基本というのは、始業式の挨拶で述べた公立中

学校におけるの基礎・基本とは大分異なってくるのである。公立学校で基礎・基本といえば計算の仕方であったり、方程式の解き方であったりと、「いかに問題を解くか」という手法や考え方を習得させることが基礎・基本の学習であった。例えば、

$$ax = b \quad \Rightarrow \quad x = \frac{b}{a}$$

なのだが、ここでは $a \neq 0$ という条件が必要なのである。ところが、こういうことを公立中学校で教えても、その重要性やその意味するところが分からない。挙句の果ては、「何か先生は細々しいことを言っているが、要するに x の係数 a で、両辺を割ればいいのでしょう」ということになりかねなかった。教師としては全くの骨折り損であった。

附属中生も最初はそれに似た対応であったが、次第にそういうことの重要性が分かるようになり、そしてそういう論議を楽しむ子どもたちになっていった。少し込み入った論議でも理解する能力があったということである。

実数の中で、

$$x^2 = a$$

という式が与えられたとき、$a \geqq 0$ ということに気づくかどうかが大切なのだが $x = \pm\sqrt{a}$ であることだけが強調される。

次に、

$$\sqrt{a^2} = a$$

で良いかということになると、大方が良いと答えるので、それを否定するところから授業を展開させるのである。

a が負の数のときはどうなのかということに気づくと解決は速い。

$a < 0$ の時は $\sqrt{a^2} = -a$ と表現しなければならない。

$a > 0$ の時は $\sqrt{a^2} = a$

だから $\sqrt{a^2} = |a|$

実は、こういうことが数学の論理を形成する根底的な基礎・基本なのである。ある面、生徒にとっては面倒くさい論理の展開になってくる。公立学校では一とおり説明はするのだが、深入りすることは避けなければならなかっ

た。肝心の開平方がごちゃごちゃになってしまうのが怖かったからでもあった。そういうことからか、

$$\sqrt{(-3)^2} = -3$$

とする子どもが少なからずいた。

　その点、附属中の子どもたちは抽象的な論理を楽しむところがあったから、授業の趣は公立中とは違うものになっていった。始業式のあいさつで「応用や活用を重視する授業」と言ったが、附属中でこそ基礎・基本を重視する授業が大切であったのである。

　こういう基礎・基本を学習するとき、単なる知識としてではなく、活用できる、応用できる知識として得させなければならない。そういうしっかりした基礎・基本があってこそ、いろいろな問題発見や問題解決ができるようになるのである。

2 研究授業と授業研究

　附属中では、新任教員は必ず赴任した年に研究授業をしなければならない
しきたりがあった。新任教員にとってはお披露目みたいな授業となるのだ
が、昔からいる教員にとっては新任教員のお手並み拝見となるのであった。
自尊心の強い新任教員にとっては、附属の教員に負けてたまるかという思い
がどこかにあって、挑戦的な意気込みを示すのであった。

　研究授業は、授業の1週間前の指導案検討から始まるのであった。当然に
密案と呼ばれる詳しい指導案を提示しなければならない。ワープロも普及し
ていない時代であったので、手書きしなければならなかった。文字の下手な
者にとっては、まずそれが苦痛であった。何しろ、附属中には活字を並べた
ような見事な文字を書かれる達人がたくさんおられたからである。内容はと
もかく、その文字からして自分の指導案は見劣りするのであった。

　検討会が始まると、先輩諸氏の指摘は容赦ないもので、教材観や指導観に
ついて次々と質問が飛んでくるのである。授業者の僕は負けじと切り返すの
だが、多勢に無勢、だんだんと受身一方になるのであった。指導過程のとこ
ろでは、何故その問題を出すのか、その発問で大丈夫かと手厳しい。こっち
は数学の専門家だ。そういうことは数学科では常識だ。と力むのだが、他教
科の先生方は「わからんから聞いているのだ」という姿勢である。

　そういう質問に答えていくのは途轍もなく面倒くさいことであった。だ
が、冷静になって後から考えると、自分では当たり前と思っていることが、
他の人には当たり前ではないということを思い知らされるのであった。今ま
でいた公立学校では、当たり障りのない質問とお褒めの言葉で終わることが
あったのであるが、附属中の教員はとことん食い下がってくるのであった。
指導案検討会だけでも2時間3時間と費やすのである。

　さて、研究授業になると全員の職員が参加する。授業の模様は録音や録画

され、授業反省会の時に筆記されて出されるのであった。附属中での僕の最初の研究授業は、1年生の『文字式の利用』であった。数学に文字を使うことのよさを子どもたちに分からせるというのが目標であった。

僕は、次のような問題を生徒に出した。

> （問い）公園にある円形のお猿の電車のレールの内側と外側ではどちらがどれくらい長いか、ただしレールの幅は1mとして考えなさい。

子どもたちが問題にしたのは、レールの半径が分からないからできないということであった。僕が、半径は適当に自分で考えなさいと言うと、半径が決まっていなければ答えが一人ひとり違ってくるというのであった。そこで僕は「じゃ、とにかく、自分なりに決めた半径で答えを導き出し、隣近所の友達の答えと比べてみ

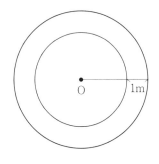

なさい」と言って、計算させることにした。すると、「皆同じじゃ」という声が上がってきた。すかさず「なぜか」と問う。そこから、文字を使うことの必要性、有利性や利便性などを考えさせていくのだが、半径を a メートルにするという発想を子どもたちから出させるのは相当な無理があった。

　　円周 ＝ 直径 × 3.14 ＝ 2 × 半径 × 3.14 ＝ 2 × a × 3.14 ＝ 6.28 × a

と円周の公式をたどらせて行くと、生徒の理解が進んでいった。外側のレールの半径は a ＋ 1 メートルだから、外側のレールの長さは、

　　2 ×（ a ＋ 1 ）× 3.14 ＝ 6.28 ×（ a ＋ 1 ）

　　　　　　　　　　　　＝ 6.28 × a ＋ 6.28

外側のレールの長さから内側のレールの長さを引くと6.28が残る。だから6.28メートル外側のレールが長いということになる。子どもたちは納得したような半信半疑な面持ちである。

そこで、次のような問題を考えさせることにした。

> （問い）地球の赤道の１メートル上に綱を張ると、その綱は赤道より
> どれだけ長いか。

　お猿の電車から地球規模の問題になったので、子どもたちはとまどってしまったらしく、とてつもなく綱のほうが長くなるという者や予想もつかないという生徒が出てきた。地球の半径はいくらですか、という質問も出てくる始末である。

　僕が、地球の半径はどれくらいか知らない。勝手に a メートルとおいたらどうかと言うと、子どもたちは「あっ」と了解して、たちどころに6.28メートル長いだけだということに気づいたのであった。

　数日して授業反省会が設けられるのであった。授業で僕が発した説明や発問が一言残らず記録となって出されるのであった。標準語を使っているつもりの僕の言葉が、なんとも読みにくい言葉となって記録されているのである。録音から文に直した担当の先生からは、諸県弁（都城地方の方言）を文にするのに苦労した旨の話が出てくる始末である。

　子どもたちからは、理解した、大体分かったという感想をアンケートでもらっていたのだが、附属中の先生方からは、思いもよらないたくさんの指摘を受けた。「授業集団」という言葉を僕が使ったら、授業集団とは何かと追求が始まり、子どもたちはまだ授業集団にまで高まっていないなどの批評を受けた。

　たくさんの意見が出て反省会は終わったのだが、意見がたくさん出るのは良い授業のとき、意見が出ないのはありきたりの授業のときというものらしかった。それから推し量ると、僕の授業はまあまあの授業ではあったと皆から受け止められたようであった。

　その後、何度となく研究授業をしたが、ある時図形の授業で生徒がした証明をどう評価したらよいのか分からず、立ち往生したことがあった。子どもたちはその証明で良いというのだが、僕にはそれを良しとする根拠が分からず判定をくだすことができないのであった。僕は衆目の中で「ウン、ウーン」と言いながら考えるのだが分からなかった。

「この証明で良いという確信がもてない。次の時間まで考えさせてくれ」
と言って、他の方法で証明をしている子どもたちの発表に移った。いろいろな証明がたくさん出て、授業は面白く終わった。

研究授業が終わった途端、あちこちで授業参観の先生方や大学の先生方の論議が始まった。生徒の証明の正否についてである。良しとする先生もおれば、間違いじゃという先生もおられて議論は終わらないのであった。大学の先生方も持ち帰って検討するということになった。そして２、３日経って大学の幾何学の教授から、あの証明は駄目だろうという判定をいただいた。しかし、その時、

「こういう証明を考え出した子どもには100点をあげるべきでしょうね」
という言葉を添えていただいた。次の時間、僕がそれを生徒たちに伝えると、証明した本人はもちろんクラス全員が「やった」と大満足であった。

下図のような円に内接する
四角形 ABCD において
　∠B＝∠CDP
　　　＝∠CD₁P₁＝∠CD₂P₂…
　　………＝∠CDₙPₙ
　　　　　である。

点 Dₙ が点 A に近づき、
点 A と重なったとき、
この性質は維持されるか。
・直線 DₙPₙ は何か
・∠B＝∠CDₙPₙ（＝∠CAPₙ）
　　　　　　　といえるか。

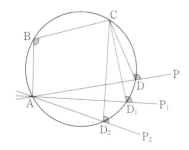
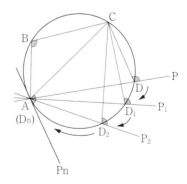

3　研究公開 (共同研究)

　附属学校には教育実習学校と研究開発学校として、大きく2つの役割があると先輩教職員から聞かされていた。教育実習は毎年のことであるが、研究の公開も毎年行われることになっていた。数学などのように教科担任が3名いるところは何とか公開に耐えうるのだが、美術や音楽など教科担任が1名しかいない教科は大変であった。

　僕が附属中学校に異動した昭和50年代には、附属小・中学校および大学との共同研究が始まっていた。算数・数学部会は、小学校が3人、中学校が3人、大学約5人で会を組織していた。大学は教育学部の先生方が共同研究の同人であったが、教科教育法の教授を中心に研究会には随意参加していただいた。研究授業には特に力を入れて参観していただき、アドバイスをたくさんもらったものである。

　当時の小学校の算数担当はベテラン揃い、中学校の数学担当は30代の若手ばかりであった。「指導の最適化」を目指して研究していたが、赴任したばかりの僕には何のことか分からず質問ばかりしていたので、小学校の先生方は「もう、うんざり」というような気配があった。論議の中では「下位行動目標」などという言葉が飛び交い、やたらと難しい行動目標の関係図や系統図を描かされたりした。この研究は勉強にはなったが、日常の授業にはすぐに使えないのではないかという思いがあった。

　小学校の先生方には新しい先導的な研究をしているという昂揚感があり、それが力みにもつながっていた。一方、若手ばかりの中学校の我々にはその研究は教員の労多くして効なしという思いがあり、さほど夢中になれなかった。消化不良のままでの研究公開ということもあったが、目新しい研究のせいか、参加者の関心や予備知識も少なく、論議はあまり深まらなかったのである。

共同研究を２年、３年と進めるうちに、小学校のベテラン先生方は次々と栄転され、次第に中学校教諭の方の年齢が上になってしまった。

　そのうち、教科間の共同研究も必要であるということになって、数学科は社会科と一緒に研究することになった。社会事象などから数学的事象を見出し、それを教材化し授業を仕組むというものであった。

　僕は、土器の破片からその土器の形や大きさを推定するというような実験的な授業を試みたりした。授業を横断的に捉え、学習したことを使って問題解決をするという目的で授業を仕組んだのである。子どもたちは興味深く取り組んでくれたのであったが、公立学校の先生方からの評判はいま一つであった。

　「附属中の生徒だからできる授業だ」

　という声も聞かれた。公立の学校では、教科書の内容を教えることだけでも汲々としているのに、そういう問題解決的な学習はとてもできないというような趣旨であった。附属中の生徒は優秀だから、そういう授業を仕組むことができるのだということも言外にあった。なるほどと思いながらも、しかし僕は、

　「仕組むからできるようになるのです」

　と言いたいのを我慢していた。

　学力や理解力に程度の差はあっても、生徒の能力に応じた仕掛けを教師が仕組まないことには生徒の可能性を引っ張り上げることはできない。それに、附属中の生徒がことさら優秀であるということではなく、これまでに行ってきた発見的な学習や問題解決的な学習などの積み重ねが、本時の授業に表れているのだということを気づいてほしかったのである。生徒を変えようと思って実践しなければ何も変わらないのである。

　公的な研究ではなかったが、大学の数学科の先生方と心理学教室の先生方と一緒に研究したことがあった。数概念の認知に関する研究で、子どもたちがどのように数を認知していくかということを、調査やアンケートを通して調べた。

　心理学の先生方とのディスカッションでは、初めて聞くような事柄が多く

興味深いものであった。先述した「数えるということ」での「数えてもいくつあるか分からない」という子どもの存在についても教えていただいた。いろいろな分野の先生方の話を聞けるのも、大学の附属学校に来たおかげと感謝するばかりであった。

　大学キャンパスが附属学校と離れた場所に移転してからは、日常的な研究や会話が遠のいてしまい残念なことであった。大学の学生にしても、附属学校で研究授業があるというと、これまではすぐに参観できていたのだが、キャンパス移転で難しくなってしまった。自家用車や公共交通機関が未発達の時代、大学キャンパスとの距離は切実な問題であった。何よりも、大学の先生方との夜の〝ノミニュケーション〟が少なくなったのも、僕には大きな損失であった。

4 教育実習生への指導

　教育実習は、教育学部附属学校の最も重要な行事であった。僕が教師をしていた昭和50年代の附属学校の教育実習は三種類あった。まず、5月から始まる約4週間の大学4年生を対象とした基本実習があった。学生にとっては、自分の専門教科の免許を取るための必修の実習であったので、どの学生も必死であった。この基本実習が終わると、学生たちは自分の出身学校等で約2週間の実習を受けなければならなかった。これを地方実習と言っていた。これらの実習が終わると、4年生の学生たちには教員採用試験が待っているのである。

　9月過ぎには、今度は副科の免許を取るための副免実習があった。これは副免を取りたい者だけの実習であったので大分人数が減った。中学校の実習に来るのは小学校課程の学生がほとんどであった。その後、教員の就職が難しくなってくると、主免のほかに副免も持っていた方が有利ということになり、大学では副科の履修を勧めだしたので、副免実習受講学生の人数は多くなってきた。

　11月頃になると、3年生の学生を対象とした予備的な実習が1週間程度あった。これは、次年度の本実習に備えるための体験的な実習として位置付けられていた。

　この外に、附属中学校の卒業生で私立大学に進学した学生の実習も引き受けていたので、1年間を通して実習生を受け入れていたことになる。

　附属学校の教員として、学生たちに教師になるための基本的な指導技術を会得させ、教師としての役割や責務など使命感も持たせたいと、僕はそう願いながら指導を工夫していたつもりであったが、どれほど学生たちにそれを伝えられたか心もとない。

　学生たちの教育実習に対する初めの意識は千差万別で、仕方なしに実習に

参加しているという者もいないではなかった。実習の最初の頃は、オリエンテーション的な講義や附属教官の授業を参観することが多く、学生にはそんなことは大学でも習ってきたとか、指導教官（公立学校では指導教諭だろうが、国立では教官という官名を使っていた）の授業のやり方は工夫が足りない、などと批判的である。2週目くらいから実習生による授業が始まると、そういう批判などは吹っ飛んでしまうのであった。

　授業をしてみると、子どもたちは教師が思ったように応えてくれないし、動いてくれないという現実に直面するのである。実習生の試行錯誤が始まる。自分の発問や指示の未熟さがそうさせているということに気づくとよいのだが、相変わらず、子どもたちが悪いと思っている実習生もいる。しかし、ある時子どもたちの反応がよい授業ができると、実習生はもう有頂天である。そういう何かのきっかけをつかむと、実習生は教師になりたいという気持ちをぐっと高めるようである。

　教師を育てているのはまさに子どもたちなのであった。指導教官としては、そういう気づきを実習生に与えることが大切であった。

　数学科の実習生についていえば、中学1年生を担当する学生は苦労するようであった。中1の5、6月は小学校の算数から中学校の数学へと移行する時期にあたり、丁寧な指導が求められるのであった。特に、負の数の導入から起こる加減乗除の四則計算の考え方や方法に混乱が生じやすかった。

　（負の数）×（負の数）は（正の数）をわかりやすく説明するのは至難の業であった。文字式や方程式などもその後の数学指導に重要な影響を与えることから、中1を担当する実習生には相当な負担になった。

　図形の指導については、逆に小学校の延長上にあるような取り扱いで、知識としては小学校で学習してきていることが多いのだが、中学校ではそれをより数学的に厳密に解明していくことになる。「何故（Why ?）そうなるのか」を説明しなければならない。その説明のくどさといったら、生徒はもちろん教師も疲れるのであった。簡単に直感で捉えていた図形の性質を厳密な論理の上に乗せることによって、逆に生徒の理解は困難になるというジレンマも生じる。

実習では、指導教官の人間性や癖が出てくるのも仕方のない問題であった。細かいことをじっくりと教え諭す教官もいれば、ざっとして大まかなことしか指導しない教官もいる。僕などは、どちらかと言えば後者に属していて、実習生からは見れば実に頼りがいがない指導教官であった。その証拠に、他の先生方には指導案や実習録の書き方など、ことあるごとに実習生は相談や指示を仰ぎに次々と訪れるのだが、僕のところにはほとんどそのような実習生は来なかった。

　僕自身が教育実習を受けた頃とこの頃の実習の違いは筆記用具にある。僕たちの頃は、指導案はペン書き、生徒への配布資料やテスト問題はガリ版による謄写印刷で、全て手書きであった。ところが、ワープロやパソコンが普及するにつれて指導案もそういう機器で書いたものが通用するようになった。フロッピーディスクなどの記憶装置も発達してくると、学生たちはそれを先輩から譲り受けたり、友達同士で貸し回したりして、名前だけを変えて提出する者も出てきた。そして、昨年の実習生の指導案と寸分違わないものが平然と出されることもあった。何のための指導案か分からないということで、そういうズルを見つけるために２、３年前からの指導案を保管し、比較するという作業もしなければならなくなったのである。

　しかし、そういうズルもしばらく経つとなくなってきた。教官側の努力もあったのだが、何よりもそういうことをして一時的に切り抜けたとしても、自分の授業力や指導力が上がるわけではない。まして年々難しくなった教職試験にも力が出せず不利になるということが実習生にも分かってきたからである。

　副免実習の学生たちは、基本自習や地方実習を経てきているので、ある面実習慣れしたところがあった。中には教科専門の学生たちにも引けを取らない実力の者もいたが、全体的には教科の専門的知識や技能に課題があった。しかし、まじめさと熱心さがあったので実習は比較的スムーズに行われた。

　ただ、小学生を教えるのと中学生を教えるとでは、発達段階や教科内容などにおいて相当なギャップを感じるようであった。小学校の低学年を教えていた者が中学３年生を教えるとなると、生徒が怖い存在に見えるらしい。口

髭があるおじさんみたいな生徒が、難しい質問でもしてきたらどうしようかと不安にもなるらしい。現在の〝中1ギャップ〟などとは比較にならないくらいのギャップを、教師（実習生）は感じているのであった。中1を教えていた教師が中3を教えることになっても、そういうギャップを感じるというから、中学校3年間の子どもたちの成長は急激なものなのである。

　中学校では思春期特有の問題行動も起こり、生徒の扱いはますます複雑で厄介なものになる。学校現場では生徒指導は必須の、とても重要な問題でもある。しかし、教育実習では教科や道徳・学級活動などの教育課程化された内容の指導力についての内容が中心で、生徒指導についての具体的な事象については当たらせないのが現実である。それは当然に、児童生徒個々人の問題に関わるということになるから実習生には当たらせないという配慮なのである。

　だが、教育実習が教員養成の大きな一翼を担っていることを考えれば、教員養成そのものの在り方を考えなければならないであろう。教職に就いて感じるのは、生徒指導や保護者等への対応など対人関係の難しさなのである。

　教員を目指している学生にどういう資質を付けさせられれば教員として十分にやっていけるのか、そういう困難を抱えている現場からの発信が必要になっていると感じている。

　文部科学省辺りでは、教員免許の資格について大学卒から大学院修士に格上げしようとしている動きも察知するところであるが、それで本当に学校現場に対応できる教員を養成できるのか、疑問に思うことが多い。問題は大学院で何を学ぶのかということなのである。

5　研究論文

　当時、附属学校の校長には教育学部の教授が就任されていた。専門が体育だったり英語だったり農学博士などと、様々な専門を持たれた校長と会うことになった。僕がいた附中11年間にこられた数学専門の校長は緒方明夫教授の一人であった。

　僕が大学に入学した時に新任の助手としてこられた先生である。1年生の時は微分積分学や集合論を教えていただいた。先生は宮崎大学の数学科のご出身で、いわば僕たちの先輩であった。

　緒方先生が校長になられて、附属中学校の雰囲気がだんだん変わっていった。附属学校の校長というのは、大学から見れば名誉職みたいなところもあって、学校運営は副校長に任せ、週に1、2度こられる先生というような雰囲気があった。附属の教職員と和気藹々につき合ってくださる方もおれば、何か遠慮がちな方もおられた。附属学校の教職員がそういう校長に多く期待することはなかったのである。

　しかし、緒方校長は学校の経営にも積極的で、特に教職員の資質の向上対策に熱心であった。学校で取り組む研究とともに個人で取り組む研究も大切であるという考え方から、個人研究の論文を毎年1回は提出するように求められたのである。教職員には、学校の研究の上に個人研究も課せられ負担が増えると、あまり評判はよくなかった。それでも、何とかやりくりをして論文にまとめ校長に提出できるのが、当時の附中教職員の力量であった。

　提出した論文は、後日一冊の本にまとめられ皆に配布された。僕などは、拙い論文ながらそういう印刷物としてまとめていただけるのでうれしく感謝していた。ずっと後のことになるのだが、僕が短期大学の教員になるとき、これらの論文集が実績として役に立ったこともあった。

　緒方先生は、そういう研究物などを基に教職員の活躍する場を広げられて

いかれた。そのおかげで、それまで停滞気味であった附属中学校教職員の県教委や公立学校等との人事の交流などが活発化していった。

　そういうことを通して、附属中学校の教員として有り難かったのは、図書出版会社などから原稿依頼がくることであった。「算数教育」や「数学教育」という小・中学校教職員向けの月刊誌があり、当時は売れ行きも良かった。その本の月々のテーマに向けた原稿が求められるのである。時には苦手なテーマもあったが、できるだけ頼まれた原稿は引き受けることにしていた。頼まれる原稿は、その冊子のわずか数ページではあったが、自分の実践が本となって多くの人に読まれるという喜びと励みにもなっていた。

　その頃の原稿代は冊子の１行あたり約100円であった。100行書いたとき１万円ということになる。僕のような薄学の者が原稿を書くためには、新たに実践してみたり、他の書籍を調べたり参考にしたりすることが必要で、そのために数冊の本を購入することも度々であった。その本代が１万円を超すことも多く、執筆するたびに赤字であった。それであっても自分の原稿が本となって印刷されたのを見ると、やはりうれしいものであった。

　県教委に異動になった頃には、僕自身に原稿依頼というより、学校現場で実践している先生方を執筆者として紹介してくれという依頼に変わってきた。それは、授業実践をしてきた自分としては少し寂しい気持であったが、若い力量のある教師を発掘する良い機会であった。研究というと孤高なもののように捉えがちであるが、人と人との繋がりという共同の営みが研究には必要であり、そういう繋がりを築けることも研究人としての大切な資質なのである。

6 大学附属ならではの授業 （大学生との授業研究）

　附属中学校在籍10年くらいを経た頃であったろうか、大学で教育哲学がご専門で指導法の講義を持っておられるM教授から、授業を学生に見せてくれという依頼があった。学校の教員を目指している大学３年生が対象で、しかも指導案の検討、授業参観、授業反省会、学生の授業に対するレポート提出、そして授業者を交えた討論という、約１カ月におよぶ授業研究の計画であった。

　普通なら「そんなに時間は取れません」と断るところであるが、初めて聞く企画で面白そうだったので引き受けることにした。しかも「１時間の授業ではごまかしもきくので、２時間続きの授業にしましょう」などと、自ら提案してしまった。

　授業は附属中学校の２年生に協力してもらって、連立方程式の導入を題材にした。１時間目は数当てゲームとそのゲームの仕組みを解明する時間とし、２時間目は方程式の考え方の導入と解法の入り口という計画を立て、指導案を作った。

　指導案で大切なのは、授業の目標である。授業者としてその目標達成のために、教材をどう捉えているのか、生徒の実態はどうなのか、どのくらいの時間をかけるのか、どういう道筋で、何を使って解決に導くのか、発問はどんなものを準備すればよいか、授業の形態はどうするのか、などと考えなければならないものがたくさんあるのである。

　こういう苦労を知ってか知らずか、学生の指導案検討時の質問は厳しいものばかりであった。

　「子どもたちの数学の学力差をどう考えるのか」
　「楽しい数学にするには何が必要なのか」
　「子どもたちは数学が好きなのか」

「数学嫌いの子どもたちを数学を好きにさせるにはどうすればよいのか」

「数学の苦手な子どもたちにとって本時の課題は難しいのではないか」

「方程式の有用性をどう教えるのか」

「評価はどのようにするのか」

「個人思考の時間が多いが、グループ学習をもっと取り入れるべきではないか」

「ヒントカードなどは用意しないの」

　等々、教材内容より数学学習に対する質問が圧倒的に多かった。中には、中高時代に数学ができなかった恨みつらみを述べながら質問する学生も少なからずいるのであった。

　彼らの質問に答えながら、数学の面白さや授業の楽しさなどを研究授業では学生に見せてやらなければと気をひきしめた。そうして、できることなら彼らが教壇に立つ時に、数学は面白く、役に立つ教科だと子どもたちに教えてほしいと願う気持ちが強くなってきた。

　さて、授業である。40〜50名の学生に囲まれて、大学の大きな教室で授業は行われた。宮崎大学が木花キャンパスに移転する前であったので、大学と附属学校は道路を挟んで隣同士であったから学生と生徒の行き来も自由にできた。附属中学校の生徒は見学者がいればいるほど力を発揮するという妙なところがあり、今回の授業でも十分にその妙なる業を発揮してくれて、授業は快調に進んだ。本当はもう少し、教師の発問にとまどったり、分からなかったりしながらも問題解決を図る生徒たちの姿を見てほしかったのだが、ややスムーズすぎた授業になってしまった

　スムーズにいった授業は、よい授業と評価されるときもあるが、授業者としては注意を要するのである。目標の設定はよかったのか、課題は生徒にとって適度であったのか、やさしすぎたのではないか、生徒の実態をしっかりと捉えていたのか、教師主導になってはいなかったか、生徒の理解は確かか、など原因と結果を見極めなければならない。

　２時間の授業が終わると、授業反省会となった。初めから学生の率直な疑

問や意見・感想を出してもらうことにした。

「先生の授業は難しくて、私には分からなかった」

「生徒は本当に分かっていたのだろうか」

「とてもスムーズに進んでいた」

「スムーズに展開しているのは、教師ができる生徒を中心に進めたからではないのか」

「自力解決を目指した授業と聞いていたが、低学力の生徒を自力解決に向かわせるのは困難なように思えた」

「教師は生徒の学力差をどのように考えて授業を仕組んでいるのか。低か・中か・高か」

などと手厳しい。これまでに自分の受けた数学の授業に対する鬱憤を晴らすがごとき学生たちの息遣いも感じられた。

この授業で活躍したのは、成績上位の者ではなく普通の生徒たちであったのだが、学生には上位者が授業を引っ張っているように感じられたらしい。確かに、当時の附属中学校の生徒の学力は公立学校よりやや高い。しかし、学力差という観点からすると、附属中内の学力差は公立学校より激しいのである。飛び抜けてできる生徒もいる反面、そうでない生徒も少なからずいるのであった。だから授業を仕組むとき、どの学力水準に合わせるのかなどといったことは考えていないし、必要なことでもないと僕は考えていた。

要は、授業目標を達成するために生徒各々がどのように取り組み、自力解決を図るか、そして、学習集団の一員としてそれぞれがどのような役割を果たすのか、ということであった。そして、そこで出た多様な考え方や解決法を皆で共有し、最終的に個々の生徒が自分と相性のいい解き方や考え方を習得していけばよい、と思っているのである。

とはいっても、自力解決が難しい子どもたちもいることから、個人思考の時間と小集団思考の時間を持つようにしている。小集団思考は４、５名のグループを形成し、そこで解決法を考える活動と捉えられがちであるが、僕の授業では個人で問題解決に当たらせて後、必要に応じて生徒が自分で選択し

たり判断したりしてグループを作っていくというやり方である。２人一組の
こともあれば、数名が集まって解決法を練ることもある。誰と話し合っても
よい、あるいは話し合わなくてもよい、自由な時間としての問題解決や思考
の場を設定しているのである。

　この時間帯になると、生徒たちは思い思いに友達を選んで話し合い活動を
始めるのである。面白いことに、優秀な者のところに人が集まるかと思いが
ちだが決してそうでなく、最初は自分と同じ程度の者が集まることが多いと
いうことであった。その集まりで解決が見出されないときは、また別な集ま
りの所に行って話し合う風景があった。だから集団は１人から２人、多いと
きは７、８人になり、離合集散が自由になされるのである。

　個々の生徒たちがそれぞれに解決した頃合を見計らって、最後は学級全体
で解法や考え方を出し合いそれを吟味するようにしている。そして授業の最
後は必ず演習の時間を設けた。この演習で生徒一人ひとりの理解や解法の定
着を見極めるのである。

　教師が一番忙しいのはこの演習の時間である。赤鉛筆を持ち、子どもたち
の間を這いずり回って丸をつけたり間違いを指摘したり、時にはヒントを与
えたりして本時目標が達成できたかどうか、自分の目で確かめるのである。

　さて、授業反省会が終わるとM教授は学生たちに、今までの指導案検討か
ら、授業そして授業反省会までの感想や意見をレポートして提出しなさいと
いう課題を与えられ、そのレポートを基に、授業研究をする旨の計画を話さ
れた。

　１週間後に集まったレポートは、僕のところにもコピーが回ってきて、最
後の授業研究が始められることになった。

　レポートには、授業者の僕への感謝が述べられ、概ね肯定的な感想があっ
た。しかし、中には、もっと高度な授業の展開を期待する論文も少なからず
あった。若い学生たちの授業に対する心意気が感じられるもので、あれもこ
れもと、授業に必要な要素を込めよという主張が多かった。50分という時間
に何を込めるのかというのは非常に大切なことであり、あれもこれもでは蛇
蜂取らずの授業になってしまうことも多い。教育実習未経験の学生たちには

自分なりに「理想の授業」がきらめいているようであった。それはそれで尊い。

　授業研究では「評価」の問題も論議された。きっちりした評価はどうすればよいかという声が多い。評価というものはこだわればこだわるほど際限がないもので、正確にあるいは公正にとか、評価を微に入り細に入り行おうとすると、授業中すべてが評価のために費やされることとなりかねない、まさに評価のための評価である。

　ただ、ここでいう学生たちの「評価」は「評定」と未分化の状態のようであった。そこで「評価は大概でいい」と言ったら、学生たちは怪訝な顔をしていた。しかし、授業とは教師にとって評価の連続なのである。子どもたちの反応や表情あるいはノートなどを見ながら、子どもたちの出来具合や理解度をとっさに評価して、発問や指示を的確にくださなければならない。まさに、次の一手を考えながら授業は進められるのである。授業は評価と試行の連続であり、既定のレールに乗った授業などはないといってよい。学生たちが思っている評定という感覚の評価ではなく、目の前にいる子どもたちの実態を的確に把握して授業をどう進めていくのかということへの評価なのである。この評価はある面、教師自身に向けられた評価なのである。

　初心者の授業は、とかく自分が計画したとおりの授業の展開を夢見がちだが、とんでもないことになるのが落ちである。いろいろな問題や場面に直面したときに、子どもにとって何が大切かということを評価・判断し、授業の方向付けを行える臨機応変な能力が必要になってくるのである。そのためには深い教材研究が大切になるのである。

　そういう意味で、教師は自分の授業の評価を厳しく行わなければならない。自分の発問や指示、それに対する子どもたちの反応、そしてその反応に教師としてどう受け止め、さらに授業をどう深めていくか、授業への振り返りの姿勢が大切である。こういう授業中の一連の姿勢や態度を不断に繰り返すことによって、教師の授業力は向上するものだと思っている。

　このM教授の試みは、僕にとっても自分の授業を振り返ることのできる良

い機会になった。学生の質問や意見は、彼らなりに理想とする授業と僕の授業とのギャップを突くものであったからである。

　この授業をしたその年に、僕は附属中学校から県教育委員会へ異動し、指導主事となった。次の年にもまたM教授から同じような方法での授業のリクエストを受けたが、附属中にはほかに優秀な先生方がおられるので、その方々に頼んでくださるように言ってお断りした。するとM教授は、
　「あなたに授業をお願いするのは、あなたが学生と会話し論議できるからなのです」
　と言われて、何か虚を突かれたような感じであった。
　県教委に在職中のこともあり、自由に時間を取れないことなどで、このような授業は実現できなかった。教員養成という視点からは、こういう大学と学校現場とがコラボする授業研究は大切になってきているのではないかと感じている。

7　飛び込み授業

　附属中にいた時、県内の数学研究部会などから、授業を頼まれることがあった。依頼先の生徒たちを対象に授業をせよということであった。僕たちは、これを「飛び込み授業」と称していた。飛び込み授業の魅力は、初めての生徒たちとの出会いである。自分が出した課題や発問にどういう反応が返ってくるか、この学校の子どもたちの思考法には特徴がみられるのか、など興味は尽きない。また、初めての子どもたちとの会話も楽しみである。

　ただ恐ろしいのは、子どもたちの興味や関心がどこにあるのか、能力はどの程度あるのかなどのことが授業前に分かっていないということである。もちろん、事前にその学級の担当教師と打ち合わせはするのだが、遠く離れていることから電話での情報交換ということになり十分でない。いきおい、子どもたちの状況把握や評価は、その時間の最初の挨拶への反応や発問への反応などで、即座に授業の組み立てを行わなければならないということになるのである。

　飛び込み授業を要請する側は、その授業に何らかの期待を込めているから、それに添うべく授業をして見せなければならないのであろうが、僕の授業はそういう期待に反した授業になっていることが多かったように感じている。期待に添うというより、こういう授業はいかがでしょうかという提案の授業にしたいと思う心が強かったからである。子どもたちに分からせるという指導技術もさることながら、子どもたちが自分の力で問題を解決したという実感を持たせる授業にしたかったのである。

　ある地区の数学教育研究会から、中学校３年生で教えるべき大方の内容は終わったのだが、関数について定着が悪いので、復習を兼ねて授業をしてくれないかという依頼を受けた。

　関数の概念についてどの程度子どもたちが理解しているのか確かめたかっ

たので、その学校の担当教師に電話したところ、「何も分かっていません。できませんよ」という素っ気ない返事であった。そして、できることなら自分の学級で授業をしてほしくないような口ぶりでもあった。その地区の順番か何かで会場校となり、授業に自分の学級を提供しただけで全く期待していないというような感じであった。

　こういう先生も珍しいが、引き受けた以上、子どもたちに何らかのインパクトを残す授業にしたいと、かえって闘志が湧いたものであった。

　関数にはいろいろな捉え方があるが、僕が関数の授業に求めているものは、「事象の中から伴って変わる２つの変量を取り出し、その対応や変化の仕方に規則性や法則性を見つけようとする態度や能力」を育てることであった。

　そのためには、どのような教材を用意すれば子どもたちに興味関心を抱かせ、しかも関数の本質を理解させることができるか苦闘することになった。

　まず、導入教材に何を使うか。あれやこれや考えて１週間ばかり経ってしまった。できるだけ具体事例から入りたいと思っていたので、理科の先生方の協力も得てアイディアをもらったり、それを実験したりと試行錯誤しながら課題づくりを行った。

　そして、水の入った直方体の水槽を傾けたときの水の動きから関数関係にあるものを見つけるという課題を作って授業に臨むことにした。水槽や水入れの容器などは、有り難いことに理科の先生方が全部提供してくださった。こういうところが当時の附属中学校のよさであった。

　さて、授業する学校に来てみると、どこかすさんだものを感じた。校舎が古いということもあったが、何か掃除が行き届いているとは思えなかった。職員室には真ん中に古いソファーが置いてあり、周囲も雑然としていた。僕はそのソファーに何か違和感があった。教師たちはここに座ってどんなことをしたり、話したりしているのだろうかと気になった。

　教室に入ると、子どもたちが少し緊張した面持ちで待っていた。授業参観の先生方が20名程度おられるからかもしれない。紹介されて僕は教卓の前に立ち生徒たちを見渡すと、妙に表情が硬くぎこちないのであった。この硬

さ、ぎこちなさはどこから来るのか。その時、なぜか僕は職員室のソファー
を思った。そして、この硬さやぎこちなさを取り除くことがこのクラスの最
大の課題であると感じた。僕は、生徒たちとの会話を大切にした授業にして
いくことをその場で決意した。

　まず、水の入っている水槽を水がこぼれないところまで傾けていく操作を
観察させて、水の移動で分かったことを発表させたのであるが、なかなか応
えてくれない。そこで、

　「この操作で何か変わらないものがあるだろうか」

と問うと、ぶつぶつと囁くような小さな声が遠慮がちに聞こえるのだが、
誰も手を挙げて発表しようとはしない。そこで指名して発表してもらうと、

　「水の量です」

と、これまた恐る恐ると応えるのであった。そこで、

　「いいことに気づきましたね」

と大きく褒めてやり、その後に、水槽の水はどのくらいあるだろうかとか
か、どうすれば水の量が分かるだろかなどと尋ねると、徐々に彼らの口が開
くようになった。だが、手を挙げて発表しようとはしないのであった。

　そこで、水槽を傾けたときの水の動きを真横から観察させ、

　「変化のあるものと変化のないものがあるだろうか」

と質問した。すると、

　「水面は真横から見るといつも直線です」

という言葉が返ってきた。なんでもないことのようだがこれは素晴らしい
発見である。大いに褒めながら、この水槽を真横から見たときの平面図で水
の動きの模型を作ってみようじゃないかと提案した。子どもたちに渡した道
具は、真横から見た水槽の平面図と、水面となる一本の直線の棒と、そして
虫ピン一個である。

　模型作りの一番大きなポイントは、水槽が傾いても水面はいつも水平を保
つということであった。それに気づくと子どもたちは、

　「あっ。分かった」

と模型を作り始めた。

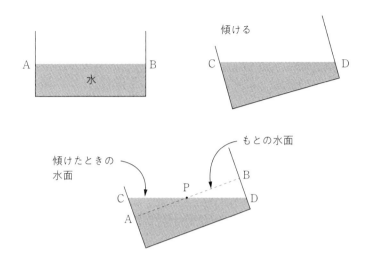

　次に子どもたちがとまどったのは、なぜ虫ピンが渡されているのかということであった。虫ピンはなぜ必要なのか。どういうふうに使うのか。彼らは、水槽を傾けたときの水の動きを想像しながら操作活動を続けていた。そうこうしていくうちに、

「水面の真ん中のところ」

「水平線の中点」

とかいう言葉が聞こえ始めた。そして、ピンを水面の長さの中点にさせばよいことに気づくのであった。

「じゃ、なぜそこにピンをさせばよいのか、論理的に説明しなさい」

と質問した。

　今度はぐっと難しい。手はパタリと挙がらない。しかしここは教師が待つところと決意して、手が挙がるのを待つことにした。子どもたちが真剣に考え始めたのである。すると、

「真ん中のところを境に、左側に行った水と、右側から減った水の量は同じである」

という発想が生まれた。平面模型では増えた部分の三角形と減った部分の三角形は合同ではないか、ということになった。

「じゃ、合同ということを証明しなさい」

と言うと、しばらくして数名の者が手を挙げた。

この授業は関数の授業なのだが、まるで図形の授業のようになってきた。ここで授業者の僕が考えたことは、このクラスの子どもたちには、主体的に考え、発表し、解決していくという態度を養うことが大切であるということであった。そこで、証明を書くということより、説明して相手を納得させるという会話や交流に力点を置いた授業にしていくことにした。

１人の子どもを指名して説明させると、大方いいところまで説明するのだが、三角形の合同条件を満足させるところまでに行きつかない。「さあ、どうするのだ」と生徒たちにけしかける。自分たちで解決しなければ先には進めないなどと子どもたちを鼓舞する。

と、満を持したように一人の生徒が威勢よく立ち上がって、黒板の前で堂々と説明を始めた。子どもたちはその説明に納得し笑みをたたえながらうなずき合い、説明が終わると拍手も起こった。子どもたちには自分たちで発見し解決したという満足感が漂っていた。

それから先は、僕の発問に堰を切ったようにどんどん答えていくのであった。

どうにか、本時目標の関数の考え方を導いたところで授業時間が終了した。子どもたちの活躍に参観者から拍手が起こった。そして授業研究会では、僕の持ち込んだ教材や模型などについて議論が交わされた。

しかし一番出された意見は、子どもたちの取り組みの活発さについてであった。普段何もせず何も言わない子どもたちが、なぜこんなに活発になれるのかということであった。キョトンとされていたのはこのクラスの数学担当の先生であった。「どうも、信じられない。信じられない」と何回も言われるのである。

研究会が終わった後、その先生にお聞きすると、生徒たちのあまりの出来の悪さに業を煮やされて、「手を挙げんでもよい」「発表しなくてよい」「俺の説明をじっくりと聞いておけばよい」という授業をこれまでなさっていた

ということであった。

　僕の授業は会話を重視した授業であるということを察知した子どもたちが活発に取り組んでくれたということである。その後、そのクラスの授業がどのようになったか知らないが、地域の学校の先生方には反響があったらしく、校長や教育長などからお便りをいただいた。

　飛び込みの授業は、難しく失敗も多いが、時には思いもよらぬ成果を得ることができる。「教師の武者修行の場」といってもよいであろうか。

8 教材の開拓と教具の工夫

公立中学校にいた11年間と附属中学校にいた11年間とでは、教材研究の持つ意味が自分の中で大分変わってきた。

公立中学校にいた時は、基礎的な内容を理解させることに重点を置いていた。というより、いかに分かりやすく教えるかという視点からの教材研究が主であった。だからある面では、教科書にある教材内容や課題をそのまま使って子どもたちに提示し、それをいかに分かりやすく教えるか、あるいは考えさせるかということに心血を注いだのであった。時には教え込むことも必要であった。子どもたちの自由で多様な発想や解法を期待するより、知識や解法を覚えさせ、それらを使って問題を解くということに重きを置いていたのである。

附属中学校においても、基本的には基礎的な内容の理解を中心とする授業を展開することには変わりがなかったのだが、当時の附属中学校の生徒の学力は比較的高く、また学習塾などに通う生徒が少なからずいるという状況であったので、授業は特段何もしなくともスムーズに進むのであった。だが、これは僕の目指す授業ではなかった。授業とは、やはり皆で練り上げ創り上げる過程があってこそ授業というものである。だから教材研究や教材開発はそのためにするものであった。例えば、

> 二つの数A、Bの大小を比較するとき、四則計算のうち何算が適当だろうか

という課題を子どもたちに与えた。

普通は、A－Bという計算の結果が正か負かということでA，Bの大小を決めることできることを教えればいいのだが、それを教えるのではなく、どういう計算をすればよいのかという方法を考えさせていくのである。

すると生徒たちは面白い発想を繰り広げるのであった。さすがに足し算や、かけ算は出ないが、わり算という考えが出る。

$\dfrac{A}{B} > 1$ ならば A＞B

というアイディアである。一瞬、皆「おお、いい」と認めるのだが、しばらくすると、首をひねる子どもたちがでてくる。

「A，Bのどちらかが負の数のときは1より大きいという結果は出ないぞ」

「A，Bのどちらも負の数のときはどうなるんだ」

「このアイディアが成り立つのは、A，Bともに正の数のときだけではないか」

などと、様々な意見が交わされるようになった。

では引き算ではどうかということになって、今度はＡＢが正・負の様々な値を取る場合について調べるということになった。A－Bの計算結果はA，Bが正・負の数にかかわらず、

　　A－B＞0　ならば　A＞B

　　A－B＜0　ならば　A＜B

　　そして　A－B＝0　ならば　A＝B

ということが成り立つということが分かって、大小を比較するには減法が優れているということがはっきりと認識されるのであった。数の範囲が拡張されると、これまでの正の数の範囲での常識が通らないことがあるということを生徒が認識する上でも、こういう教材や発問の工夫は大切であった。

このほかにも、次のような課題を生徒に与えたこともあった。

　直角三角形の各辺を軸とした3つの回転体の体積は同じか

直角三角形 ABC

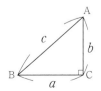

直角三角形ＡＢＣの各辺をa, b, cとすると次の図のような回転体が考えられる。

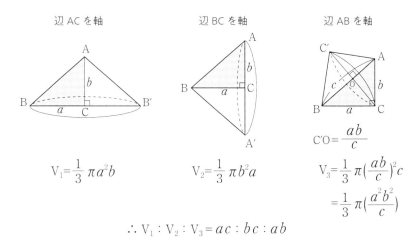

$$V_1 = \frac{1}{3}\pi a^2 b \qquad V_2 = \frac{1}{3}\pi b^2 a \qquad V_3 = \frac{1}{3}\pi \left(\frac{ab}{c}\right)^2 c$$
$$= \frac{1}{3}\pi \left(\frac{a^2 b^2}{c}\right)$$

$$\therefore V_1 : V_2 : V_3 = ac : bc : ab$$

となって、各辺を軸とする回転体の体積比は、軸になった辺の長さを除いた2辺の積になるという興味深い結果が得られた。

花鉢の破片を数個与え、

> 破片から花鉢の形や大きさを推測せよ

という課題を、図形の授業で取り組んだこともあった。

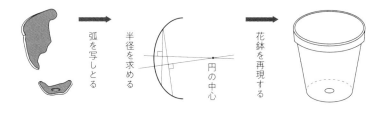

図形の学習で学んだ円の中心の見つけ方などを具体場面に活用するというものである。子どもたちは、破片のカーブや角度などを紙に写し取り円の中心を見つけ、円の半径や高さなどを紙上に写し取っていく作業を通して、花鉢の実際の形や大きさを求めていった。

第6章 国立学校教員時代の数学 251

　このような授業は、ペーパーテストの成績（点数）には反映しないのかも
しれないが、学んだことを生活の中で生かすという意味で数学の有効性や有
用性を感じとらせることができるのである。

　こういう教材を使った授業は、若干時間がかかるが、数学の本質を考えさ
せるのに不可欠な時間であると考えている。そういう体験を通して子どもた
ちは、新しい課題の発見やその問題解決への方法を学び取っていくものだと
実感している。今まさに言われている「数学的活動」は、教師のこういう工
夫によって徐々に培われていくものであって、一朝一夕には身につかないの
である。

　教具の工夫も、また楽しいものである。今の時代はコンピュータによる動
画や三次元の図などを多様に示すことが容易になってきたが、僕の現役時代
はそういう便利な機器がなかったので、すべて手作りであった。

　動きのある図を見せるときはOHP（オーバーヘッドプロジェクター）のシート
を何枚も作り、それを一枚一枚重ね合わせながら点が動いているように見え
るようにした。根気のいる作業であったが、子どもたちの喜ぶ姿を考えると
あまり苦にならなかった。ただOHPは暗幕が必要でしかも光源が熱く、夏
場に使うと、子どもも教師も汗だくであった。

　円周角などの性質や定理を説明するときなどは、僕は棒やゴムひもなどを
使って説明していた。ゴムひもは伸縮自在なので、円周上を動く点と円周角
の関係を示すにはもってこいの道具であった。

　教具の工夫や開発で常に気を付けているのは、その教具を実際に子どもた
ちが動かし操作することを通して、教科内容の理解や問題解決を図るために
あるということに本質があり、ただ単に興味をひくだけのものではないとい
うことであった。

　こういう教具を作るときに一番利用するのは、近くにある建材屋であっ
た。建材屋に行くと板や棒、ボルト、ナット、針金などたくさんの商品が並
んでいる。その中から、自分の授業に使う教材・教具を作るための部品をあ
れやこれやと物色するが楽しい。当然、売られている商品の目的と全く違う
使い方をすることが多い。渦巻き状に巻いてある窓用隙間テープを円の面積

を説明するための教具に使ったこともある。建材屋は教具開発のアイディア
を提供してくれる最高の場所であった。

　ただ、店の中であれやこれやと思案が始まるので、長く店内にとどまるこ
とになり、店員から要注意人物に見られることもあった。こういう苦労もあ
ったが、子どもたちに分かりやすい教具を作製することは、教師の最大の役
割であり、教師冥利に尽きる作業であったと思っている。新しい時代には新
しい時代に即した教材や教具の開発が必要であろう。

　IT関係では既製品として売り出されているものも少なくないようだが、
その使い方、児童生徒への提示の仕方など、教師の工夫によって効果は格段
に違ってくる。IT機器で注意したいのは、画面上における疑似体験である
ということである。バーチャルな世界では、暑さも寒さも痛くも痒くもない
中で、深遠な科学や宇宙をも体験できるし殺傷も可能である。それだけに、
生身の人間としての感覚は忘れさせないようにしなければならないであろ
う。それだからこそ教育の場ではITではなくICTと言っているのである。教
師のたゆまぬ教材教具の工夫開発を期待したい。

第**7**章

教育行政職時代の数学
平成時代

1　指導主事

　今から考えると大それたことであったが、最初は指導主事にでもなってみようかという程度のことであった。任用試験なるものを受けた。かすりもしなかった。僕の周りの同世代の教師は次々と研修主事や指導主事となり、取り残されてしまった。指導主事になる夢は薄れ、その後しばらく試験も受けなかった。

　ところが在籍11年目になった時、附属中にいることが何か重く耐えられなくなって転勤を申し出た。時の緒方校長はすかさず、「指導主事の試験を受けなさい。その上で転勤は考えましょう」と言われた。また自分が恥ずかしくなるような試験を受けなければならないのかと躊躇したが、試験だけは受けることにした。

　平成元年（1989）の３月末、校長に呼ばれ、

　「あなたは、南那珂教育事務所の指導主事になることになったから、辞表を書くように」

　と指示された。どうして合格したのか分からなかったが、附属中を出るということが確実になった。少し寂しさを感じながらも何か開放感のようなものを感じていた。11年もの間よくぞ務めさせていただいたものと感謝した。

　同年４月１日、公務員宿泊施設「宮崎会館」で辞令をもらうと、その足で南那珂教育事務所に向かった。事務所に着くと、挨拶もそこそこに、その場から仕事が始まった。要領の分からないまま、先輩指導主事から言われたままに動くことになった。先輩指導主事は皆親切であった。電話のベルが鳴ると間をおかずに受話器を取り、てきぱきと話されている姿を見て、教育事務所とはこんなところなのかと改めて思った。

　その頃の教育事務所は偉い所で、異動になった学校の先生方がことごとく挨拶に来られるのであった。そのたび事務所の職員は立ち上がって「どう

も、どうも」と挨拶を受けるのであった。傍らにいたALT（外国語指導助手）が「日本人はどうも『どうも・どうも』が好きらしい。英語ではなんと訳すのか」と言うので、「どうも・どうもは、ウーン、どうも・どうもだ。その後にくっつける言葉には『ご苦労さま』なんかが考えられるけど」と、分かったような分からない説明をしたのを覚えている。

　学校訪問は指導主事の重要な仕事であった。僕は専門の数学について指導や助言をするものとばかり思っていたら、道徳はもちろん学級活動や生徒指導、そして国語や社会など専門以外の教科、さらには幼稚園教育までしなければならなかった。指導主事は「できません」と言うことが戒められているような職業であった。幸いしたのは、附属中時代に全ての教科にわたる研究授業と授業研究に参加していたことであった。どの教科においても附属中では自由な発言が交わされていたので、各教科の本質や課題がよく分かるのであった。これが学校訪問等の指導助言に大いに役立ったのである。

　と書くと、順風満帆のようだが、実際はしどろもどろ、たくさんの失敗をした。上手くいったことより失敗したことの方が多く、それを鮮明に覚えているのだから困ったものである。ある時、数学の指導法について話をしていて、問題の証明をすることになったのだが、どうしたことか途中で止まってしまい、先に進めないのであった。数学の授業ではこういうことがままあるので、皆と原因を探っていけばいいなどと僕は平気なのだが、それを見ていた先輩指導主事の方々から、

　「指導主事とあろうものが、何たる失態か」

　と散々怒られる破目になった。もともと指導主事が万能であるはずがないと僕は思っているので、試行錯誤は数学学習の一つの見本であるとばかりに動ずることもなく、その後もその態度を変えなかった。しかし、他の指導主事からの評価は確実に下がっていったのは言うまでもない。当時の徳地教育事務所長は、こういう僕を温かくも厳しく、

　「変わった奴じゃ。そういう奴は本庁で鍛えられよ」

　とばかりに、２年にして僕は本庁の学校教育課へ追い出されてしまった。

　本庁の指導主事は教育事務所の指導主事と少し役回りが違っていて、教育

施策の企画立案がウェイトを占めていた。きちんとした仕事は今一つだが、企画やアイディアを出させると時々突拍子もなく常識外れの面白いものを出すことがある、というのが僕の本庁における存在理由であったのかもしれない。

　本庁での仕事は、初めて体験する教育界を覆うような難しい課題ばかりで、それが次々と襲ってくるかのようであった。１年目は生徒指導担当になり登校拒否（現在は不登校と言っている）問題に取り組んだ。県議会でも登校拒否問題はよく質問に取り上げられ、悪戦苦闘しながら答弁の原案を練った。そして、県版の生徒指導資料を作れということで、県内の先生方の協力のもと１年かけて「登校拒否対策Ｑ＆Ａ」なる冊子を発行した。

　その頃（平成の初期）は教科の研究指定校がたくさんあり、算数・数学の研究指定校には何回もお世話になった。文部省の教科担当者会や教育課程伝達講習会などにも出席することが多くなった。

　学習指導要領の改訂にある「生徒の主体性を尊重する」ということをはき違え、教師は児童生徒を指導するより、児童生徒の自主的自発的な活動を支援すればよいのであるという誤った考えをする者も出た。そして「教えるべき教師が授業で教えなくなった」などの弊害も生まれた。

　教師は授業中何もせず、子どもたちの活動に任せ、時々支援するだけでいい、それが子どもたちの主体性を伸ばす授業であるという、無責任極まりない授業であった。一見、子どもの自主性を尊重した授業のように装われてはいるのだが、教科に対する本質的な活動には程遠く、学力がつかなかった。危機感を持った大村はまは『教えることの復権』などという本を出版し、警鐘を鳴らした。

　このときの指導主事としての僕の最大の仕事は、学校訪問などを通して、教えることの意味や大切さを具体的な教材と絡めながら、教材研究の仕方や発問の在り方、授業における指導過程の組み立てなど現実に即して指導して、何とかしてこの風潮を変えていくことであった。

2　不易と流行

　学校教育課勤務4年目の頃、知事部局から新しい教育長を迎えた。ちょうど国の教育課程の改訂の時期で、そこに「新しい学力観」なるものが登場してきた。新教育長は、

　　「新しい学力観とは何か。今までのは古いということなのか。次の改訂ではこの新しい学力観が古いとなるのか」

　などと言って、本気とも冗談ともとれない口調で我々に質問を投げかけられるのであった。

　当時は、学力観をはじめとして教材観、指導観、生徒観、人生観、世界観、等々、観のつく言葉が教育界には溢れ「教育はまさに観の時代に入った」といわれ、新しい学力観に対して〝観々学々（侃々諤々）〟の議論をしなければならないと指導主事は意気込んだ。

　新しい学力観では、ものの見方や捉え方、そして児童生徒の興味関心を重視する指導や評価の在り方を問うものであった。しかし、多くの学校現場での児童生徒の状況は知識や技能の習得がなお課題であり、新しい学力観の安易な導入には慎重を期さなければならなかった。

　新しい学力観の趣旨に異論はないが、実際の授業にその精神をどう取り入れて、どのような展開をしていけばよいのか、具体的な方針や方策が学習指導要領等に示されていなかったのである。そういうことは学校現場で工夫せよというようにも受け取られ、現場は困惑するばかりであった。

　何かを成し遂げるためには、何が必要で、何をどうすればよいのか、人的措置や予算的な裏付けはあるのか、など具体的な方策が示されないと、改革は学校現場に過重な負担を強いることになる。

　日本人はとかく言葉に弱く、「改革」とか「新学力観」などとかいう言葉を使っていれば自分は教育改革の潮流に乗っていると錯覚し、授業などでの

具体的な工夫もなく、ただ言葉遊びに興じているような無策の教師も少なか
らずいるのも事実であった。

　教育課程の改訂やそれに伴う学習指導要領の改訂の読み方として大切なの
は、何が変わり、何が変わっていないかということである。変わったところ
に関心が行くことは当然のことであるが、なぜ変わったのか、どのような現
状把握の中で変わったのかという押さえを忘れてはならない。
　そしてなお大切なことは、変わらなかったところは継続してなお重要なと
ころであるという認識である。変わらなかったところというのは、その教科
の根幹をなす基礎的基本的な内容であり、改訂後もなお大切にしなければな
らないという内容のものなのである。
　変わったことへの研究は盛んであるが、変わらなかったことへの研究はさ
らに深めて行くということを忘れてはならない。

　「不易と流行」という言葉も教育界では流行った。僕が「不易」という言
葉に初めて出合ったのは、小学校の頃使っていた「不易のり」という商品名
の糊からであった。だから「不易」とは会社の名前であろうと思っていたの
であった。ところが不易という言葉は、どうも一般名詞で「いつまでも変わ
らないもの」という意味があるらしいということを知って納得した。「不易
のり」とは変質しない糊を作る「不易」という会社名であることを。
　前触れもなく、教育界に「不易と流行」という言葉が出てきたので多くの
者がとまどった。「不易流行」の出どころは、芭蕉の俳諧論にあるという。
　『去来抄』に「不易を知らざれば基立ちがたく、流行を知らざれば風新た
ならず」とあり、変わらないものを知らなければ本質的なものは分からず、
時代によって変質する流行というものを知らなければ新しいものは生まれて
こないというようなことらしい。
　変化しない本質的なことを忘れない中にも、新しく変化を重ねているもの
を取り入れていく姿勢や態度が大切であるという。一方では、新しきものを
求めて変化を重ねていく流行性にこそ不易の本質があるともいう。

こう考えると、不易と流行は対立概念ではないということが分かるのだが、我々はとかく対立する概念として捉えることが多い。

　教育界の言葉の使い方にはこの手のものが案外多いのである。「ゆとりと充実」という言葉にしても、ゆとりと充実は対立概念であるという捉え方をする人が少なくない。

　今の学力低下論者の考え方はその最たるもので、ゆとりが学力低下の原因であるという論理を展開している。芭蕉流に解釈すれば、子どもたちにゆとりを持たせながら教育をすれば充実した教育になるだろうし、充実した教育は子どもたちにゆとりを持たせるということになるのである。だが、そういう思考法は現実的でなく玉虫色の論理だという考え方もある。けれども僕は、玉虫色に光らせる努力が大切であるとも考えている。

　そのためには、結果を急いで求めないという態度が必要である。結果を得るためには、そのための工夫と努力と実践の積み重ねが必要で、実践と反省の繰り返しを待たねばならない。だから何事かを起こした時の評価は、その経緯を十分に踏まえて多様な視点からじっくりと行う必要がある。

　今日の社会は、成果をすぐに求めたがる風潮が強く、調査や試験などの結果が悪いとすぐに「改革」という言葉を持ち出して、根本的な原理を見失った方針転換を図ろうとする力が働く。その改革とは目先を変えるだけのものに過ぎないことが多い。

　教育という営みは地に根を張らせるようにゆっくりしたものである。その中で子どもたちは自分の特性に気づき磨いていくのである。子どものそういう変化をじっと、時には我慢しながら待ち、見守り続けていくのが大人の役割である。待つことに耐えきらない今日の日本社会の苛立ちが、学校教育を蝕んでいるようにも感じられる。

3　試験問題を作ること

　今、学校で教えている児童生徒への試験問題を作らない教師が多いと聞く。ことに小学校においては、単元テスト等そのほとんどを市販のテストに頼っている状況が見られる。自分が教える教科内容の定着度を自作の試験で調べられないというのでは、寂し過ぎるのではないか。

　小学校の教師は教える教科が全教科にまたがるので、教師一人で全教科の試験問題を作るのは大変なことだという言い分も聞こえてくるが、現状をいつまでも放置しておくわけにはいかないであろう。少なくとも小学校の基礎教科ともいえる国語や算数などについては、自作の問題を作ってもらいたいものである。

　大学入試においても、試験問題を作れない大学があって、大手予備校に作成を依頼しているというような報道がなされるが、自分の大学に必要な能力を持った人材を選ぶのに、他所に依頼するとはいかがなものかと思ってしまう。大学は研究第一であるから高校教育までの課程に精通しているわけではないのかもしれないが、大学といえども教育機関であることに違いはない。

　中学校で教えていた僕は、これまでたくさんの試験問題を作ってきた。定期テストや単元テストなどすべて自作であった。といっても若い頃の試験問題は、自分で作ったというより市販問題の写しだったり、塗り替えだったりすることもあった。しかしそこには、自分で試験の問題を選び、子どもたちに学力がついてきたか、自分の指導の意図は子どもたちにどのように伝わっているか、などを知るための指導者としての意図があったのである。

　昭和40年代は、ガリ版刷りの時代で、ヤスリ板に蝋引きの原紙を乗せ鉄筆でガリガリと文字を書いていくという厄介な謄写印刷の作業をしなければならず、問題作りは時間を要した。その上、僕の書いた文字はミミズが這った

ような見るに堪えない代物であった。それでも、試験の問題は自作であった。数学は文字数が少なかったので比較的楽であったが、国語の教師などは「次の文を読んで、後の問いに答えなさい」などという問題が多く、相当な労力を費やしていた。

50〜60年代になると、様々なコピー機が出現し、問題作りは格段に容易になった。しかし、これは、自分の作問能力が向上したというのではなく、他人の作成した問題を容易に流用できるという、印刷技術の発達からくる便利さにほかならなかった。図や写真も取り込めるようになったので、理科や社会科などのテスト問題は一段と内容が充実していった。

テスト問題も手書きから、タイプライター、ワープロそしてパソコンで作られるようになった。ワープロやパソコンでは問題を記憶させておくことができるようになったので、過去問の引用など、その利用法が格段に広がっていった。

パソコンを使うようになっても、数学ではいろいろな記号が必要で、5^2などの指数を小さく書いたり分数を書いたりするようなときには特別なパソコンの操作技術が求められた。それを習得するのは案外と面倒で時間を要した。現在はパソコン操作も大分簡単にできるようになったが、計算式や公式が複雑な問題作りのときはパソコンをあきらめて手書きにすることも多い。

一所懸命に作った試験問題でも印刷後に間違いを発見したり、受験者からミスを指摘されたりすることがあった。学校の定期試験などのときは、教室を回ってすぐ訂正し、子どもたちに謝ればすむことであったが、対外的な試験や入試問題などではミスが許されない厳しさがあった。

附属中勤務時代には、ある町の奨学生選考のための問題や新聞掲載の中学生向けの実力養成問題を作ったことがある。問題文や説明が悪いと読者から電話などでクレームをいただくこともあった。新聞では訂正文や説明加筆はほとんど許されず、訂正文を載せてもらうことになっても小さく、ほんの2、3行であった。

附属中の入試問題作りも大変であった。問題作成者に指名されると、その後は相談する人がいなくなるのであった。小学生が受験するので、作問者は

少なくとも小学校の履修内容を熟知しておく必要があった。それを怠ると受験者に大きな負担を強いることになる。私立学校では、そのところが案外ゆったりとしていて、履修外の難しい問題も出されることもあるようだったが、国立の附属中学校では許されないことであった。

　ある年の試験で、四則演算の等式の中の□の中に適当な数を入れよという問題を出したことがあった。方程式を考えれば簡単なのであるが、小学生は逆算で求めていかなければならないのである。ところが試験が始まると、盛んに首を振る受験生が出てきた。というのは、小学校では□の中に入る数は整数の範囲の数でなくてはならないという不文律みたいなものがあって、□に入る数が分数になるというので、小学生の受験生は首をかしげていたのであった。

　これが、後で大問題になり、小学校の教育課程範囲外の問題ということで、全員を正解する旨の発表を受験生に行った。受験生は「ワッ」と言って喜んでいたが、作問者の僕にとっては苦い経験であった。受験生に首をひねらせた分、思考や時間に負担やロスを与えたことにお詫びしてもお詫びしきれない思いであった。作問者と校長以下数名が作問検討委員会を作って、数週間に渡り念入りに検討してきたのであったが、やはり専門教科の専門たる作問者がしっかりしなければならないことは言うまでもない。

　これが高校入試ともなると、県民の関心事であり、慎重な検討が要求される。文言一つひとつが吟味され、ちょっとでも他の意味に取られそうなものは厳しく排除される。一応完成をみた問題でも、難易度はどうか、他県の過去問にないかなど、受験生の視点から細かくチェックすることになる。

　こういう厳しい検討会を経ても、時にぎょっとするような問題点が見出されるのだから入試問題の作問は恐い。しかも、入試が終わるとその試験問題の良し悪しを、受験生はもちろん親や教師などからマスコミ等を通じて流される。やさしすぎても難しすぎても批判の対象になる。ちょうどよいというのはなかなか難しい。

　平成になって、「自ら問題を見つけ、自ら解決していく」という、いわゆる「新しい学力観」に根ざした学力が求められるようになり、高校入試もそ

ういう意図に沿った問題が作られるようになった。

　日常生活の中で体験する出来事や事象を数理的に取り出し、それを問題として仕組むのである。教科書で習う内容や問題と若干趣が違うので、子どもたちにとっては初めて見るような問題となる。

　日常の事象や現象を数学の問題とすることは、作問者にとっても大変なことで苦心惨憺する。一番大変なのは、その事象が受験生に正しく伝わるかということである。しかも、中学校履修の範囲で解けるか、その答えが一意に決まるかなど、あらゆる場合を考え尽くして問題を作らなければならない。

　その挙句、こういう問題の正答率は低く、評判が悪い。受験生は苦労を強いられ、しかも正解になかなかたどり着けない問題になることもある。試験の時間に見合った難易度や問題数を考慮しなければならないのは言うまでもないことである。

　時に正答率０（ゼロ）という問題もあり、問題作成者側が、中学校におけるこういう点の学習が足りないとか言って論評を出していることがあるが、入試で正答率０ということは、その問題が行き過ぎているという反省に出題者は立なければならないであろう。

4 校長の数学授業奮戦記

　指導主事等を7年間務めた後、平成8年に北方町立北方中学校（現延岡市立北方小中学校）の校長になった。北方町は延岡市に隣接し日之影、高千穂、阿蘇へとつながる道路の玄関口で、山と川の自然豊かな町であった。まだ、親子孫三世代という家族構成の家もあり、人情細やかな素朴な方々が多く、そういう環境の中で子どもたちもゆったりと育っていた。

　赴任して間もなく、延岡市・北方町・北川町・北浦町、一市3町の中学校と延岡地区高校の校長会が開かれた。高校入試に関する打ち合わせであったのだが、そこで渡されたのが各中学校の入試の成績状況であった。「我が学校は如何に」と見ると、どの教科も後ろから2、3番目という低空飛行であった。受験者は全員合格であったとは聞いていたが、これは一体どうしたことかと呆然とした。

　早速学校に戻って、職員に対策を練ってもらった。職員は、あらかじめ範囲を設けた中で、国語は漢字の書き取り、数学は計算問題のテストを、月に1回程度行いたいということであった。前年度はこれで効果を上げてきたから続けようということらしかった。

　前もって覚えるべき漢字や計算問題のプリントを渡し、それを家や朝自習の時間に覚えさせるという段取りで、1回目のテストが行われた。僕は全学級を回って、生徒たちの受験の様子を観察した。そして「ああ、これじゃ駄目だ」ということを瞬時に見て取った。

　テストが終わって、採点結果が出された。どの学年・学級の成績も散々である。職員に集まってもらい意見を求めると、

　「生徒の出来が良くなかったので、次のテストでは頑張るように指導したい」ということであった。

　そこで僕は、「2回目のテストはやらなくてもよい。やっても結果は分か

っている」と発言を求めて、職員に次のような話をした。

「皆さんは、テストをやったことで満足しているのではないか。今日の話し合いに、テスト結果に対する教師としての分析がないこと、次のテストまでに具体的に何をするのかというアクションがないことが問題である」

「白紙答案が多かったという事実をどう受け取っているのか。試験当日、机間巡視で当然に、子どもたちの勉強不足を感じ取っておかなければならなかったはずである。『勉強せよ』という呼びかけを指導と思っていやしないか。効果的に子どもの学力をつけるために、我々はこの時から何をすべきか考えていただきたい」

「そして教師の教育実践には、そのことに対する教師自身の振り返り（反省・評価）と個々の子どもの変容（分かる・できる）を見届ける姿勢が必要不可欠である」

こういうことを話し、教師に具体的な手立てを求めたのであった。

すると教師たちに、朝の自習時間や昼休みや放課後の空いた時間を使って、一人ひとりの答案用紙を基にしてできなかったところをやり直させたり、指導したりする姿が見られるようになっていった。それでもできない生徒には、さらに手立てを厚くして、少しでもできるようにしていこうとする教師の姿もあった。ようやく具体的に指導し、見届けるという教師の基本的な態度が育ってきたのである。

しかし、そういった教師の構えは、普段の授業の中で示されなければならないことなのである。事前の教材研究はもとより、一人ひとりの子どもの意欲を高め、変容を促すための発問、そして生徒の回答に対する教師の受け止め方の研究など、子どもたちが主体的になって授業に取り組むようになる教師の日常的な言動や態度（雰囲気）が、本当に大切なのである。

そういう意識と実践の中で、教師は自分の授業を振り返り、そして子どもの変容を見届けることが必要なのである。

校長として学校を巡回し授業を見て回っている時に感じたことは、授業に「緊張感と集中力」が欠けているということであった。それは生徒にも教師

にもいえることであった。

そういう温く緩んだ空気を授業から打破することが最も急がれる課題であった。そのためには、校長自らも授業に立つ必要を感じるのであった。

一般に校長が授業に立つことはないのだが、幸いに小さな田舎の学校では生徒指導上の問題も少なく、校長としては時間的には余裕があった。時間割に組み込まれるような授業には当たれないが、職員の出張等で自習時間になる学級への対応は可能であったので、自分の専門である数学に限って授業をすることにした。もちろん、数学担当教諭の授業に差し障りがないように、演習を主体とした授業をすることにした。

さて、授業に行ってみると、生徒は校長が授業するということで気持ち的には若干緊張はあったが、することなすことはいつものスローペースであった。「しめた」と思った。この空気を打ち破る絶好の機会である。

黒板に既習の簡単な方程式の演習問題を書き、「これをノートに写して、解きなさい」と指示したのだが、それからやおらノートや鉛筆を準備する生徒がいる。しかもモタモタとして遅い。ようやく書き始めたと思ったら、その遅さたるや尋常ではない。

$$2x + 3y = 5$$

を写すのに、2を書いたと思ったら黒板を見てしばらくしてやっとxを書き、また黒板を見て＋をじっくりと写す。また黒板を見上げて3を書く。万事この調子で、1文字1文字黒板を見てノートに写す。たったこれだけを書き写すだけでも4分も5分もかかるのであった。書き終えたので解き始めるのかと見ていると、じっとして動かない。そして周りの生徒の様子をうかがっている。自分で解く気配は全くない。問題を写して解くのに2分もあればできると思っていたのだが、10分経っても解決できないのであった。

そこで、全員に作業を中断させ、まず、授業の準備の在り方と黒板の写し方について指導することにした。こういう生徒がいる学級では、教師は授業の始まりにはその学級にいて、生徒を待つぐらいにしておかなければならい。授業開始時間とともに授業が始まるという習慣作りをすることが必要である。授業が始まるということは、少なくともその授業に必要な用具等の準

備ができているという状態にあるということであり、それを生徒にも強く求めなければならない。と同時に、教師は授業の終わり時間をもきちんとしなければならない。生徒たちには、次の時間への準備が必要なのであるから、それを保証してやらなければならないのである。

　次に、黒板の写し方である。僕は「黒板を見ないで写せ」と指導することが多い。まず、黒板に書いてあることを頭に入れ、それをノートするということである。書いていくうちに記憶が曖昧になったら黒板を見る、そしてまた黒板を見ないで書けるところまでノートするという仕方を教えた。

　板書されているものを一回頭に入れて、それを再生（ノートする）する習慣を身に着けさせると、書くスピードも速くなる。しかも問題解決への取り組みも速くなるのである。$2x + 3y = 5$などの式くらいは一気に書けなくてはならない。

　こういうことは訓練で解決できる。ゆったりとではなくスピーディにという感覚を生徒につかませてやるのも教師の役割であり、疎かにしてはならない。10分も訓練すれば黒板の書き写しは瞬時に改善できる。

　さて、授業の大きな課題は、生徒一人ひとりが主体的に問題解決に取り組んでいるかということであった。誰かが解いてくれるのを待ち、それをノートして終わるという生徒が多いのである。何が分かって、何が分からないということも意識にない生徒の存在を教師は見逃してはならない。

　こういう学級で、下手にグループ学習などを仕組むと傍観者が続出する。一見、傍目には、協力活動して活発な授業のように見えるが、それぞれの生徒が自己の存在価値や独自性を見失っている。グループ活動が他に依存するための活動になってしまっているのである。

　こういう学級で必要なことは、生徒を孤独にし、自分というものを覚醒させるということである。教師が質問し生徒を指名すると、その子は立つのだが、自分の考えを言うこともなく、そわそわと周囲の子どもたちと目配せしたり、助けを求めたりする曖昧な素振りである。何よりも、質問者である教師に回答する態度ではない。というより秩序が感じられないのである。

そこで、僕がとった方法はしばらくの間「孤立無援の問題解決」を体験させるということであった。他人に頼るという心根をなくし、問題を解決するのは自分しかない、自分の責任であるという意識付けの指導である。

　そのために、他人と話し合うことはもちろん視線を交わすことも禁止した。教室には教師と自分一人しかおらず、授業は教材を中心にして教師と生徒が対峙する時間であるという感覚を一人ひとりに持たせることを意図したのである。

　こういう手法は、生徒もだが、教師はもっと大変なのである。学級に30人の生徒がいれば、その30人それぞれと対峙する関係を持たなければならないからである。１人の生徒と対峙しているとき、残りの29人にも教師は何らかの影響を及ぼす信号を送り続けていなければならないのである。１人の生徒を相手にしながら、教室の他の生徒をも意識した指導を心がけるには、教師の目配り・気配り、観察と洞察、評価と判断など、あらゆる機能を総動員して対応しなければならない。

　こういうときに威力を発揮するのは机間指導である。教師はスピード感を持って机間を回り、一人ひとりの子どもの状況を瞬時に把握し、何をすべきか判断しなければならない。教室の中の全ての生徒が問題解決に取り組んでいるという、張り詰めた空気をみなぎらせなければならないのは言うまでもないことである。

　そして、このような手法の授業で一番大切なのは、生徒に学習した内容が分かった、できたという実感を持たせるということである。この実感を持たせ得なければ、授業は長続きしない。だから、教師は子どもに分かる・できるという感覚を持たせるために最善を尽くさなければならない。教材の選び方、発問の仕方、生徒との会話の仕方、激励の仕方、褒め方、等々教師のやるべきことはいっぱいである。

　このような授業を１、２時間続けると、生徒は見違えるような授業態度を示す。分かるようになり、できるようになり、しかも短時間にできるようになる。分かるから、できるから面白い。面白いからもっとやりたい。と意識が劇的に変わってくるのである。

第7章　教育行政職時代の数学　　269

「次の自習時間は、校長先生の授業です」となると、教室に緊張感が走るようであった。けれども、教室に入ってみると生徒は何だかうれしそうで、「学習用具も準備万端ですよ」という顔で迎えてくれる。そういう空気に「今日も頑張るぞ」という気持ちになるのは、校長の僕であった。

　夏休みには、３年生学担や親の希望もあって補習授業をすることになった。教科は国語と数学の２教科であった。習熟度や本人の希望も取り入れながら教科ごとに４つのクラスに編成し、午前中５日間の授業を教員全員で教えることにした。先生方の希望をとって、美術の先生が国語担当になったり、音楽の先生が数学担当になったりした。校長も担当せよということで、数学を選んだ。担当教諭が決まると教科ごとに集まって、どの学級を担当するかという話し合いを持った。僕は数学を一番苦手とする学級を担当することになった。生徒の名簿をもらい、成績などを考慮して、この５日間に数学の何をどの程度教えられるか計画を練った。

　教室に行ってみると、10人くらいの生徒が隅っこの方に固まって不安そうに座っていた。そこで最初に座席を決めることにした。座席は前後左右斜めに誰も人がいないようにして、あとは生徒の希望に任せた。こういう子どもたちは自信がなく、他人に依存する気持ちが強い。それを一番に打破してやらなければならないからである。席が決まったところで、正・負の数の計算、文字式の計算、方程式の計算などの簡単なテストをした。

　「できたらもってこい」と指示したのだが、一向に持ってくる気配がない。５分もあれば全部解けそうな問題なのだが、10分経っても誰も持ってこないのである。そこで一人ひとりの席に行って、採点してやることにした。ある者は文字式で、ある者は方程式で、ある者は正・負の数の計算で苦労している。一人ひとりの特徴を把握しながら、今後の補習の内容や指導方法・手立てといったものを考えていった。何はともあれ、１年生の正・負の数から文字式そして方程式と、計算の習熟を中心に順を追っていくしかない。

　一斉指導では基本的な考え方を説明し、その後の授業の大部分は個人指導に費やした。生徒には「まず分かること。そしてやってみること。問題がで

きたら、その一つ上の問題にスピード感をもって挑戦すること」という学習への取り組み方を指導しながら、僕はもっぱら机間を巡回して、「丸つけ（採点）」と個人指導である。

　僕はあらかじめ、たくさんの練習問題をプリントしておく。できた者は次々と一つ上のランクのプリントに挑戦させていくのである。教師はその間も机間指導を続け、生徒の間違いや分かっていないところを素早く見つけ、その原因を突きとめる。そして生徒に問いかけて、生徒自身が間違いの原因に気づくようにした。教師が間違いを指摘し正しい方法を指導するということは悪くはないが、生徒自身に気づかせることの方が大切なのである。このクラスの子どもたちには自分で解き、自分で気づき、自分で直すという意識と態度育成が必要なのである。しかしこれは根気のいる指導であった。

　補習が１日目、２日目と進んでいくうちに、計算力はぐんと伸び、方程式１問に10分もかかっていた生徒が、10分間に５、６問もできるようになってきた。こうなってくると、生徒の学習への集中力はたいしたもので、解くことに貪欲になってきた。やればできるという感覚を生徒に持たせ得たことは、この夏の補習の成果であった。

　しかし、一人の女生徒は、足し算引き算の学習で終わってしまった。しかも不十分なままであった。何とか分からせようとあの手この手を駆使して指導したが通じなかった。能力の問題もあったが、小学校以来その子は算数や数学に心を閉ざしているようにも感じられた。その心を開いてやれなかったというもどかしさが、ずっと僕には残った。

　先生方の努力もあって、このような補修授業を進めた結果、次の年の入試では、地域内の学校の前から２、３番目くらいに躍進していることが分かってうれしかった。しかし、こういう結果になったのは、この地域の学習環境への警鐘ではないかと考えた。あの程度のちょっとした努力でやすやすと上位にくい込めるということは、これまで地域全体が学習していなかったということの表れではないか。ちっとやそっとの努力では成績はなかなか上がらない、という空気を地域に満たさなければ、地域全体の学力が上がっている

とは言えないのである。

　そういうこともあって、僕は地域に切磋琢磨の気風が生まれるよう地域づくりにも意を尽くすようになった。幸いに、当時僕が就いていた校長会の会長は地域のいろいろな会合に出ることができたので、そういう時に子どもたちの現状を話しながら地域の力を貸してもらうように依頼した。子どもたちを向上させるには地域や親の意識変革も重要なのである。

　中学校を出て５年も経つと子どもたちは成人式を迎える。荒れる成人式が全国的に話題になったことがあった。前年度の成人式でちょっとしたトラブルがあったということで、子どもたちが中学卒業時の校長にも出席していただければと、町教育長から要請があった。その頃僕は県教育庁に異動していたのだが、快く承知して参加した。

　受付付近で僕の姿を見つけた当時の愛すべき悪ん坊たちが「校長が来た」と囁いたかと思うと、すぐさま大声で「校長先生が来たどー」と皆に伝えるのであった。どういう成人式になるのかと心配と楽しみが交錯した。

　成人証書授与が行われた。人数が少ない町なので、成人一人ひとりに舞台壇上で成人証書が渡されるのである。僕の席は来賓でもないのに舞台の、しかも成人が登る階段の正面に作ってあった。上がってくる成人一人ひとりと顔を合わせることになる。最初の成人が名を呼ばれた。振袖姿も美しい女の子であった。ゆっくりと階段を上がると、僕の前で立ち止まって、少し恥ずかしそうににっこり笑って礼をした。

　「あっ、あの子だ」

　夏の補習で、どうしても分かってくれなかったあの女生徒であった。５年ぶりに見る顔であった。しっかりと成人証書を受け取ってくれよ、と祈る気分で彼女を見つめていると、証書をもらう所作はもちろん、来賓に対する礼、会場への礼など、もうこれ以上申し分のない立派な態度であった。

　僕はすっかりうれしくなって大きな拍手を送った。そういう彼女の態度を見習ってか、後の成人もしっかりした態度であった。こうして成人式は厳粛に終わった。僕は彼女の成長に感激し、感謝する思いであった。彼女は彼女なりに自分のよさを発揮し、大人として成長してくれたのである。

5　短期大学の一般教養「数学」

　僕は、１年間ほど女子短期大学の一般教養の数学を講義したことがあった。ここで一番大変だったのは、どういう内容のものを講義するかということであった。市販のテキストを大分探したが、選ぶのは困難であった。この短大には、幼稚園の教師や保育園の保育士を目指す保育科、音楽科、初等教育科、英語科、国語国文科、医療秘書などのコースがあった。こういう学科の学生が将来必要とする数学とはどんなものかと思案した。確率・統計か、論理的な思考法か、それとも数学史的な教養でいいのかなどと迷った。

　学生の高校時代の数学履修状況を調べてみると、千差万別であることが分かった。高校時代、普通科コースにいた学生は数Ⅰから数Ⅱくらいまでは履修していたが、農業や商業コースにいた学生は数学の履修のことを聞いてもあまり覚えていないという心もとなさである。しかも、それを十分に習得しているようでもない。数学が苦手で、どちらかといえば数学嫌い、一般教養の数学なんて、受講しなくてよいものなら受けたくないという学生たちであった。そういう学生たちに、数学の有用性や面白さを伝えることなど至難な技のように思われた。

　ちょうどその頃、『数学嫌いな人のための数学』（小室直樹著）という本が出版されていたので、参考にこれを手に取ってみた。本の帯には「数学の本質は論理である……数学に弱い日本人もこれだけは知っておこう」とある。内容を見てみると、確かに数式はあまり出てこないのだが、書いてある内容は高邁な文化論や政治・経済論であった。これを学生に教えるのは数学そのものよりもっと大変なことであると気づいて、早々に退散となった。

　次に手に取ったのが、矢野健太郎著の『数学物語』という文庫本であった。高校・大学時代に愛読したヤノケンの名著本である。記数法や命数法に始まって、数学の面白いトピック的な問題や話題がちりばめられた本であ

る。久々に読み返してみると、内容は平明なようで教えるとなるとなかなか手ごわそうである。学生の数学的知識や能力の格差を考えると、やめようかという気持ちに傾くのであった。

　書店に行って、数学に関係する本を探してみると案外多い。入門書や「もう一回やり直してみよう数学」的な本が、新書版や文庫版となって書棚に並んでいるのである。何冊か購入して内容を調べ、学生のニーズや能力と自分の指導能力も勘案して『数学がらくにわかる本』（樺　旦純著）という本をテキストに決めた。著者名が旦純とあったので、いい名前をつけたものだと単純に思ったのだが、「わたる」と振り仮名がうってあった。表紙カバーの裏には「学校数学で泣いた人にも、もう一度やり直したい人にも、統計・確率の話から、単利・複利、ゲーム理論やコンピュータの数理まで使える数学読本！　合理的な考え方が身につき、キレる頭を育てる一冊」とあるではないか。これだ、これに決めよう。

　ところが、この本は文庫本なのである。文庫本の通例として縦書きなのである。数学を縦書きで読むのは、僕の苦手とするところであった。若い頃、岩波文庫でバートランド・ラッセルの『数理哲学』という本を読んだが、縦書きの中に数式があるとそれを横にして読み、文章になると縦にして読むのである。面倒くさい上に、思考が横書きのときのように下りていかないのであった。その後、和算の本に接するとこれも当然に縦書きで、しかも筆書きときており、頭の中にスムーズに入ってこないもどかしさを感じていた。

　数学は横書きでなくちゃあと思っているのに、選んだのは縦書きの文庫本であった。文系の学生が多いからそれも良しと考えたのであった。最近は、文庫本でも横書きのものが出版されているがまだ少ない。

　さて、講義の時間である。最初は数の構造から入った。自然数、整数、倍数、公約数、素数、有理数、無理数と数の構造を広げていくのであるが、彼女らの反応は今一つであった。実際の彼女らの理解は不十分と思われるのだが、そんなこと小・中学校で習って知っているし、何を今さらという態度がありありであった。

「もっと大学らしい授業をしてよ」ということらしいのだが、彼女らの学力の格差を考えるとそれをする勇気が僕には出てこないのであった。数学の持つ論理性を保ち、数学の有用性やよさを分からせる講義、いや、少なくとも今後の学生生活に役立つ講義などというものは並大抵のことではない。

　自分が大学時代に受けた一般教養の数学テキストは、「微分・積分学」であった。一般の学生には難しく、必要でもない内容のように感じていたが、当時の学生は理解する力があったのか、皆黙々と受講していた。

　さて、我が講義であるが、最後の方では破綻しているに等しく、脈絡もなく、図形パズルのタングラムを作らせいろいろな形を構成させることにした。幼児教育に携わる学生たちには、面白い教材になったようで、数式を使う抽象的な思考より具体的な図形を使った学習の方が受けるようであった。

　しかし、大学の一般教養数学として、本当にこれでよいのか自問自答ものであった。前にもふれたのだが、学生たちのニーズやレベルに合った一般教養のテキストは大学の実態を知るその大学の担当教員が作るのが最も相応しいと思った。もっとも、担当者が著作した本であれば、その本を買うと単位が貰えるという噂も立ちかねないので留意しなければならない。僕は１年ちょっとでその短大を去ってしまったが、一般教養「数学」については、今でも心にかかっている課題である。

6　学力調査

　「秋田詣で」とか「フィンランド詣で」などという言葉が流行った。学力調査で日本一あるいは世界一になった県や国らしい。そこに詣でて、どうして一位になったのか、そのノウハウを知り、地元に持ち帰ってあわよくば学力向上につなげたいという熱心な方々である。日本ではこういうことが多い。何か事を始めて、それに成功した所があると、そこを「先進県」などと称して、視察が引きも切らずということになる。実に見上げた向上心著しい精神である。

　しかし、地元にそれを導入しようということになると、導入に反対する勢力もあって、両勢力が先進県に視察を派遣することになる。同じ所に行きながら、導入派はそのメリットを、反対派はそのデメリットを強調して調べ、報告することがしばしばで、混迷の度合いを増す。

　導入派は最初から導入する気持ちで、反対派は最初から反対する気持ちで行くから、その先進地で何を見ても聞いても自分たちの主張に都合のよい方に解釈してしまう。先進県の事例を、地元にそのまま導入してもよいのか、導入するには地元の現状に照らして何が必要なのか、など検討すべきことは山ほどある。しかし、先進県で成功したものはとにかく良いものであるから無批判に導入しようとするのも困ったものである。

　前置きが長くなってしまったが、学力調査のことである。
　学力については、親も子も教師も学校も、そして社会も大きな関心事であるので、どういう学力がどの程度ついているかなど調査するのは当然のことである。いま日本で行われ、影響力の大きい公的機関が行う学力調査には、次のようなものがある。
　①全国学力・学習情況調査：文部科学省が全国の小学校６年生、中学校３

年生を対象に毎年行う悉皆（しっかい）の調査で、国語と算数・数学の２教科で行われる。問題には各教科２種類あって、主に知識・技能を見るＡ問題と応用や活用能力を見るＢ問題がある。年度によって理科などの教科が加わることもある。学力だけではなく、アンケート方式で学習情況調査も行われ、学習への取り組みや興味関心なども調査される。

②国際学力到達度調査 PISA (Programme for International Student Assessment)：欧州経済開発協力機構（OECD）が、加入国の16歳を対象に３年ごとに行うもので、読解力、数学的リテラシー、科学的リテラシーの３科目で調査される。

③国際数学・理科教育動向調査 TIMSS (Trends in International Mathematics and Science Study)：国際教育到達度評価学会が小学校４年生と中学２年生を対象に４年ごとに行うもので、数学と理科の２教科で調査される。

①の全国学力・学習状況調査は、毎年の日本国民の関心事となる。「調査」というからには、今後の指導法の工夫や改善に生かすための調査であると平易に考えていたのだが、今や「調査」ではなく「競争」や「コンテスト」の観がある。それは県単位、市町村単位、学校単位の順位争いを呈しているようだ。

どこそこには負けたくない、平均をあげよ、そのためには過去問を解け、秋田県に習えなどと教育委員会は血眼（ちまなこ）になって、学校現場を叱咤激励する。時には知事や市長などの首長らが先頭を切って、勇ましく的外れな施策を口走る方々もおられる。困るのは学校現場ばかりである。

この調査で１位になったからといって、その後、その地域の子どもたちがぐんぐんと伸びて幸せになっているかといえばそうでない。その後の高校、大学となれば別なファクターが幸せを決めていくからである。

為政者が学校環境を整えたり、所得水準を上げたり、就職環境を準備して子どもたちの進学率などを向上する施策などがあればいい。だが、ともかくも調査対象である小６と中３の成績を上げよということでは、人生の設計もままならないということである。だから、この調査の平均点で一喜一憂することは控えたいものである。

それに、この調査でどのような問題が、どのように出され、どのように採点され、どのような手法で平均値が求められているのか、そしてその差はどのくらいで、その意味するものは何なのかなどということが一般には案外知られていないないことも課題である。

新聞等で問題が掲載されることもあるが、文字が小さく、それを実際に時間をかけて解いている人は少ないのではないかと感じる。僕は、毎回それらを老いぼれでもどれくらい解けるかという感覚で解いているのだが、なかなか手ごわい。第1回の学力調査とその後に行われた調査問題は質的に大分変わり、比較の対象にもならないのではないかと思っている。

手ごわいと感じるのは、問題文の読み取り方である。読解力といってもよい。問題文を読んで、問題のイメージがなかなか湧かないということである。それに問題文が長く、簡潔とは言い難いのである。そして、問題の内容に経験差や地域差を感じるときがある。美術館や博物館、あるいは図書館や劇場などの建物の有無や交通機関など、都会の子と地方の子が経験していることは環境からして違うのである。ゲームや話し合いの仕方なども大規模と小規模の学校によっても違うので、問題の理解の速さが違うのである。

読解力ということでは、文章の量がとても多くスピード感が要求されているということである。調査にある問題文や資料を読みながら思うことは、宮崎県の子どもたちは苦戦するだろうなということである。時間不足の子や白紙解答の子も予想される。

僕が学校訪問等で見た子どもたちの授業は、丁寧でじっくりと時間をかけたものばかりなのである。もう少しテンポを速くしたり、抵抗感のある問題を出したりしたらどうかと思うのだが、教師たちは子ども全員に分からせようと丁寧でゆっくりとした授業を進めているのである。授業の在り方については、教師が脱皮する必要があると考えている。授業の本質に迫る内容に焦点化し、集中力を高めていけばスピード感も養われる。まずは、教師の授業づくりが学力向上の鍵である。

速読は必ずしも必要でないが、文章の内容を的確に捉えるという訓練は大切である。文学作品や説明文など、読む文章の種類や目的に応じた読み方を

知ることが必要であろう。毎日の授業や読書指導等での教師による指導が大切になる。

　主に活用能力を問うＢ問題では記述式の解答が求められるが、どのように書けば、その問いに的確な答えになるのか迷うことも多い。模範解答というか標準解答例は簡潔にまとめられているのだが、果たしてこれで十分なのかということもある。

　子どもたちの多様な解答に、採点者はどのような基準で臨んでいるのだろうかと気になるところである。

　さて、この調査の採点は正答率によってなされている、全問中何問できたかをパーセントで表し、それを県別や市町村別、学校別に集計し、平均したのがマスコミ等で発表される点数である。各県の正答数の平均を比べるとその差は１問か２問の間に収まり、その平均はわずかにコンマ１、２の差に過ぎない。しかし、それを42都道府県に順位を付けると大層な開きがあるように感じられて焦燥感を煽ることになる。

　それが学校ごとということになると、大規模校では均された点数になるが、小規模校では個人の能力がそのまま点数となることがあり、順位を付けるとトップになったり最下位になったりして安定しない。

　全問中何問の正答数という比率での点数の出し方は、解く方の子どもたちにとっては、不合理な点数の付け方なのである。苦労して10分もかけてやっとできた問題も、やすやすと１分もかからないでできた問題も、同じ１問として点数化されるからである。誰も同じ方法で採点されるのだから平等のように感じられるのだが、解答する子どもたちにとっては、問題の重みが違うのである。そういうことにも配慮した配点も必要ではないかと思われる。

　そうしたことを考えれば、総点の平均を県ごとに出す必要があるのかということである。調査であれば、何番のこの問題に対する解答の傾向や誤答の例を示しながら、今後の指導はどうあるべきかなどを提示すればよいことであり、それがぜひ必要なことである。

　各問題の各県や市町村ごとの正答率や誤答などが示されれば、なお一層素

晴らしいことである。もっと大切なのは、そういう資料を受けて各学校が、分析、評価し指導に生かすことである。

　全国学力・学習調査は、抽出式で行うか悉皆調査にするか慎重であったし、結果の公表の在り方も慎重そのものであった。「国民の税金で行う調査は公表するのが当然」「公表することによって過度の競争主義に陥らないか」「小規模等への配慮が必要だ」などと、公表には賛否両論あった。ある県・市では、この結果を高校入試の資料にも使うなどといって物議を醸したりもした。全国平均より上位の学校の校長名を公表するという首長も出てきた。根は叱咤激励して順位を上げよということであった。

　順位を上げようとしても上がらない事情を持つところもある。貧困層が多い地域や定住者が少なく、絶えず移動する住民が多い地域、外国籍の子弟など日本語も不自由な子が集まる地域などはおいそれと学力は向上しない。こういうことを学校のせいにする為政者がいるが、それは政治が解決する問題で、そういうところへの厚い財政措置などの施策が必要なのである。

　新自由主義的な感覚では、できるところに厚く、できないところには薄く手当てするという「飴とムチ」をあてがい、切磋琢磨させようとするのだが、義務教育においては、下位層にこそ支援して、全体を押し上げることが大切である。

　地方自治体の教育長であった僕は、そういうことを考えながら地域の実態に応じた公表はいかにあるべきか校長会と話し合いながら方法を模索した。地方では10数人の極小規模学校も存在するので、多くの配慮が必要なのであった。

　この調査では、学力のほかに学習状況も調査することになっており、指導する側としては大変参考になるものであるが、マスコミはそれを取り上げることにあまり熱心でないように感じられる。ただPISAの結果については、この部分を外国と日本の生徒の違いについて興味深そうにマスコミも取り上げるようである。

　学習状況調査ではないのだが、文部科学省は子どもの家庭の経済状況と子どもの学力との関係を大学等に委託して調査しており、家庭の経済状況と子

どもの学力に相関関係があるとの結果を発表している。すなわち、経済的に豊かな家庭の子どもほど学力が高い傾向にあるということである。貧しい家庭に育った僕は、なるほどと思うと同時に、納得しがたい何か反発したくなるような結論である。こんなことを文科省が調査して発表するということは、貧困家庭への施策を展開するための調査としなければならないであろう。少なくとも、経済状況によって教育機会の均等ということが揺らぐのであれば、高校・大学を無償化するなどの思い切った措置も必要なのかもしれない。「教育は国家百年の計」とよくいわれるが、その割には予算現配分が少ないのが日本の現状である。

　いろいろと言ってきたが、こういうテストは調査であろうがなかろうができた方がいいに決まっている。受けるなら、調査と思わずにコンテストであると腹を括って対策を練ることである。ただ、児童生徒に無理強いの負担をかけたり、不正をしたりすることは絶対にしないと肝に命じておきたい。

　次に、日本に大きな影響力を持つ学力調査は②のOECDが行う国際学力到達度調査（PISA）である。2000年から始まり、3年ごとに行われるこの調査は、日本の教育に大きな影響を与えている。外国との比較であるためか、日本の一喜一憂ぶりには凄まじいものを感じる。最初のころは参加国も少なく、日本は最上位にいたが、参加国が多くなり、アジアの国々や都市が参加するようになると、その地位が脅かされるようなった。

　この調査では、「読解力」のほかに「科学的リテラシー」「数学的リテラシー」といわれるものが試され、単なる「数学」「理科」という教科の到達度的試験ではない。「リテラシー」とは、簡単に言えば「活用力とか応用力」とかいわれるもので、「与えられた材料から必要な情報を見出しながら、活用する能力」というようなもので、ある面それを「表現する能力」も含まれる。

　こういう型の問題は、従来の日本の試験にはあまり出題されてなかったことや、センター試験などに見られる穴埋め的な問題に慣れていた生徒はとまどったのか、ある年の調査で日本の成績が著しく低下したことがあった。

「ゆとり教育」のせいだとかその原因をめぐって世論が湧きたったこともあった。そして、この状況を打破するためには「PISA型」の学力を付けるべきだという論調が高まり、現在もその渦中にある。

読む力、表現する力、活用する力などの育成が大切だとして、先述の「全国学力調査」のB問題では「書いて」「表現する」ような問題が出されるようになったし、大学入試におけるセンター試験でも「記述式」の問題を出すべきであると論議されている。

OECDがつくる問題だけに、世界の人材育成に関してある面の先進性があり、尊重されるべきところも大いにあるのだが、一国の教育がそれに引きずり回されるというのも如何なものかと思わされる。この年の最上位国に「フィンランド」がなると、例のごとくフィンランド詣でやフィンランド礼賛が始まった。

その後、PISA型の問題にも慣れてきたのか日本は持ち直してきたが、一位になるのは至難なことで、シンガポールやアジア諸国・都市にその座を明け渡している。

今また問題になりそうなのは、コンピュータ使用型の調査である。日本の学校の現状からすると、コンピュータによる学習には設備がまだ十分ではなく、教員等の指導力も高くない。コンピュータ使用の経験の有無や多寡が調査に影響するとなれば、学力調査としての在り方を考え直さなければならないであろう。こういう調査結果からコンピュータ活用能力が必要となれば、日本のこと、たくさんのICT機器が学校に配備されるかもしれない。

ところで、この調査の対象である16歳（日本では高校1年生）はどのようにして集められているのだろうかという疑問が湧く。外国においても、日本と同じ方式で調査対象者を抽出しているのだろうか。各国の公平性は保たれているのだろうか。等々分からないことがいっぱいである。

日本では例えば、2015年の調査では「高校1年生115万人の中から層化二段抽出法で学校（学科）を選び、その学校から無作為に調査対象の生徒を選出し、198校から6600人が調査を受けた」ということのようであるが、諸外

国の様子は分からない。国ではなく都市単位での参加も可能のようであるから、その実態はいよいよ複雑である。

　こういう中で、順位を比較検討することはその妥当性についても冷静に考え行動することが必要であろう。科学大国のアメリカの順位は全体の三分の一くらいのところに位置して、決して高くないが、ノーベル賞などの受賞者は断然アメリカがトップである。そういうことはなぜ起きてくるのか原因を探り、日本の教育施策にも反映させなければならないと考える。

　この調査のもう一つの特徴は、「生徒質問紙」や「学校質問紙」があるということである。

　生徒の教科や学習することへの好みや有用観、あるいは学習時間などについて調査しているが、毎度マスコミ等で話題になるのは、日本の生徒は数学の成績はトップクラスであるが、数学を学習することへの肯定的な回答が他の国々より低いということである。

　一般に日本の生徒の数学等への学習態度は、それが有用であるから学習しているというより、学校の授業の科目として行われているので、それを淡々と受けているだけである。好きか嫌いかということになると、あまり好きではないということなのであろう。こうなると日本の子どもには目的意識がないとか批判されることがあるが、子どもたちにとってみればそれは、ことさら力を入れないと学ぶことができないということではなく、学ぶことが普通なのである。日本の義務教育の制度は諸外国に比べても充実しているという証拠でもあろう。もっとも、不備なところも多いが、普段の授業レベルでは問題ないのである。

　それはある面、ぬるま湯に浸かっているということかもしれない。将来にわたって外国と伍していける人材を育成するには、子どもたち自身が意識する意志と実行というものが重要になることは、論を待たない。そのような態度と意志をどのように育てていくかが、これからの大きな課題であろう。

　③の国際数学・理科教育動向調査 TIMSS は、文字どおり数学と理科についての調査であり、1995年から始まった。アチーブメントテストの傾向が強

い問題で、日本の子どもたちが得意とするところである。調査当初は日本がトップクラスにあったが、最近では、シンガポール、香港、韓国、台湾などが日本の上位になることが多い。PISAでの有力国であるフィンランドはこの調査に参加していない。アメリカは12、13位というところである。

　この調査でも、各国が調査対象者をどのように抽出しているのか、その人数は何人くらいなのか、不明なところが多いことから、安易な順位の比較は避けたいものである。

　PISAとTIMSSの調査は問題の傾向が違うことから、そこから出てくる結果も違うものになろうが、この二つの結果を参考にして子どもたちの学力の情況を見極め、我が国に必要な学力は如何なるものか検討していく必要があろう。

　学力調査についていろいろ述べてきたが、こういう調査を通して、我が国の子どもたちに付けさせたい学力とは何か、目指していく人間像は何かということを明らかにし、時代の進展にも考慮しつつ揺るぎのない教育行政を展開していかなければならないと考える。

第8章 数学教育点景

1　数学の本を読む

　大学２年生になった頃、数学ができることで評判の同級生のＧ君が「高木貞治の解析概論をもう読んだ？」と聞くので、驚いたことがあった。「読む」という言葉に驚いたのである。自分にとって、数学の本は「読む」ではなく「勉強する」ものであったから、カルチャーショックを受けたのであった。Ｇ君くらいになると数学本でも読むのだと妙に感心させられた。

　高木貞治の『解析概論』という本の存在は知っていたが、見たことはなかった。そこでさっそく、当時江平にあった古本屋に行くと、なんとその本はたくさん書棚に並んでいた。多分先輩諸氏が売りに出したのであろうが、手に取ってみると、どれも新品のように新しく書き込みも何もない。昭和30年(1955)刊で950円の定価がついている。それを古本屋では500円で売っていた。さっそく購入して読むことにした。

　文章はカタカナ書き、外国人名などがひらがな書きとなっており最初はとまどったが、慣れるものでスムーズに読み進めることができるようになった。といっても、これは日本語として読み進めているだけのことで、内容は一行を理解するのに難渋し、20〜30ページくらい進めるのもやっとの思いであった。到底読み通すことはできないとすぐに諦めた。そして僕は、この本をまた古本屋に持っていったらいくらで買ってくれるだろうか、という不埒な思いが頭をもたげて離れなかった。その本は買った時の状態で、今も僕の本棚にあるから不思議である。

　数学の本を読むとはどういうことであろうか。これらを読むときは紙と鉛筆を用意しておきなさいという話を聞く。ということは、読むとは学習するという雰囲気なのである。確かに数式が一つ出てくると、その式はどうして生まれた式なのか、計算しなければ理解が困難なときがある。文学や哲学などの他の教養書を読むときとはちょっと趣が違う。

第8章 数学教育点景　287

「数式をできるだけ使わない一般向けの教養書」などという宣伝文句につられて、つい買ってしまった本なのに数ページを読んで投げ出すことも多い。読んでいくうちに筋道があやふやになり、ついには理解不能に陥り、読むのはそこで終わりとなることが多い。それほど数学本は一般大衆向けでなく、読むには相当の努力を必要とする。僕の本棚には、そういう完読できなかった数学本が何冊も並んでいる。本の「まえがき」には、「この本を読むには、高校低学年程度の数学の知識があればよい」などと書いてあるのだが、大卒の僕が読んでも難しい。

　エンツェンスベルガー（ドイツ：詩人・批評家）の講演を『数学者は城の中』（渡辺正訳）という本にしたものがあるが、その中に数学者G・L・シュポールの言葉として、

　「大数学者は数学を初心者が分かるようには語らない。
　他人の頭も自分と同じだから基礎の説明は必要ないと思うのか？
　数学が分かるはずもない凡人に語るのは時間の無駄だと思うのか？
　それとも、単純すぎる話だから語る気にはならないのか？」

と数学の現状を憂え嘆いている。数学を本職としている数学家でさえそうなのである。

　僕が数学本として比較的読みやすかったのは、「数学史」や「数学者の伝記」であった。高校から大学時代に読んできた本を数冊あげると、

　『零の発見』(吉田洋一　岩波新書)
　『無限と連続』(遠山啓　岩波新書)
　『日本の数学』(小倉金之助　岩波新書)
　『すばらしい数学者たち』(矢野健太郎　新潮文庫)
　『ゆかいな数学者たち』(矢野健太郎　新潮文庫)

などがある。これらにしても物語として読み流す分には面白いのだが、その文章の中のどこかに、「なぜだろうか」「本当だろうか」「わからないなあ」などと疑問を持ち出した途端に読む速度は落ち、進まない。少々分からずとも読み飛ばしていく度胸が必要である。

といって気持ちのいいものではない。しかし、いつまでもそれを気にかけていることはない。教養として読むのであれば全体像がある程度捉えられ、その著者の言いたいことの本質が分かればよいのである。

そういう意味で読み応えのあった本に、

『フェルマーの最終定理』(サイモン・シン著　青木薫訳)

がある。

フェルマーの最終定理とは

　　nが3以上の整数のとき　　$X^n + Y^n = Z^n$

　　を満たす自然数X、Y、Zは存在しない

という簡単な定理である。だが長い間、誰もそれを証明できなかったのである。

　n = 2のときは、よく知っているピタゴラスの定理（三平方の定理）で（X，Y，Z）の組は（3，4，5）や（5，12，13）などの自然数が見つかる。

　しかし、nが3以上のときにはX、Y、Zがすべて自然数の解はないというものである（もちろんX，Y，Zすべてが0のときは成り立つのだが、0は自然数ではない）。

　フェルマーは1600年代の数学者であり、彼が予想した定理をめぐって後世の数学者は証明の努力を重ねていた。最近ではコンピュータを駆使してそういう（X，Y，Z）の自然数の組み合わせがないものかと反例を調べたらしいのだが見つからないのである。

　フェルマーの予想は正しいらしいということは経験的に分かってきたのだが、それを証明することができなかったのである。

　しかし1995年、ようやくにしてワイルズという数学者によって証明されたのであった。この本は、そのワイルズの証明の軌跡を克明に書いたものであった。証明といっても僕の理解を超えたものでさっぱり分からない。世界の一流数学者が証明の正しさを証明するのに、また年月を費やすのだから尋常ではない。

　この本では、各時代の数学者たちが真実を求めて必死に努力する真摯な姿

が映し出されている。成功に見えた証明に瑕疵が発見された時の数学者の挫折など、熾烈な証明競争が展開され、読み物としても大変面白いものになっている。面白いといっても、数学を少し学んだ僕にも理解困難なところばかりである。ただ、この本を読むことによって、僕は数学という学問をアクティブに捉え直すことができたような気になった。僕にとっての啓発の書であった。

　最近は、数学の歴史や数学家などについてやさしく書かれた新書本や文庫本が多く出版されている。それらの中で、
『ポアンカレ予想』（ジョージ・G・スピーロ　早川書房）
『ポアンカレ予想』（ドナル・ヨシア　新潮社文庫）
『100年の難問はなぜ解けたのか』（春日真人　新潮文庫）
などは、ポアンカレが予想した問題をロシアの数学者ペリマンが証明した軌跡の物語である。
　「ポアンカレ予想」については幾何のところでも述べたが、例えて言えば、
　　「ロープの片方を地球に固定し、もう一方をロケットに結び付けて任意に
　　宇宙に発射し、ひたすら飛んで帰ってきたロケットのロープと地球に固定
　　したロープを手元で手繰り寄せることができれば宇宙は丸い」
という何とも雲をつかむような予想である。
　この予想を多くの数学者が証明しようと努力を重ねるのだが、長い間なかなか解決をすることができなかった。それを証明したのがロシアの数学者ペリマンだというのである。
　僕にはポアンカレ予想そのものの意味も分からず、まして証明を見ても分かるはずがない。しかし、証明したペリマンという人物には関心を持った。
　ペリマンはポアンカレ予想の証明をなし得たということで、数学界のノーベル賞と称されるフィールズ賞を贈られることになっていた。だが、彼はそれを断り、謎の失踪というか隠遁生活に入ったという。こちらの方がミステリーじみて僕の関心を引いた。NHKのテレビでも特別番組が放映された。天才数学者の言動には凡人には計り難い精神構造があるようだ。

気軽に読める数学の本として、

『神が愛した天才数学者たち』(吉永良正著　角川ソフィア文庫)

『偉大な数学者たち』(岩田義一著　ちくま学芸文庫)

『天才の栄光と挫折』(藤原雅彦　新潮選書)

『はじめての現代数学』(瀬山士郎著　ハヤカワ・ノンフィクション文庫)

『無限を読み解く数学入門』(小島寛之著　角川ソフィア文庫)

『感動する数学』(桜井進著　PHP文庫)

などは、紙と鉛筆がなくとも物語として楽しめる。

第 8 章　数学教育点景　　291

2　数学は美しいか

　新潮社の季刊誌「考える人」が、「数学は美しいか」という特集を組んだことがある（2013年夏号）。その中から 2 人の数学研究家の言葉を紹介したい。

　数学研究家の森田真生（小林秀雄賞受賞者）は、

　「音楽や絵画の美しさは分かり易い。美しい音色を耳にすれば思わず心が躍るし、美しい色彩を前にすれば目も嬉しい。ところが、これが数学となるとそうはいかない。美しい論文を前にして素人が思わず息をのむということはまずない。

　　音楽は空間を響かせ、絵画はキャンバスを彩るが、数学はどこを響かせ、彩るのか。しいて言えば数学者の頭の中ということになる。が、これでいいのであろうか」

明治大学特任教授の長岡亮介は、

　「数学には『理論』（論理的な体系の構成）と『技術』（問題を解決するための計算の遂行）の二つの側面があるが、数学者が〝面白い〟と感ずるのは、そのいずれにおいても、しばし第一印象としての≪意外性≫と深く理解した時に初めて見えてくる隠されていた≪必然性≫である。これを数学者はしばしば≪美≫と表現する。

　　数学を知らない人から見れば不思議に映る。この目に見えない≪美≫の感覚体験は高尚な現代数学に限らず、学校数学の中にも存在する。本質を見抜けないうちは絶望的にみえる難問が、分かってしまえば苦も無く解ける。というのは『技術』の側面とはいえ、その典型であろう」

　この 2 つの文は、今を時めく数学研究家の言葉である。なるほど、数学の美しさなどというものは凡人にはおいそれと分からぬものらしい。数学の内容が十分に咀嚼できた時に見えてくるものらしいから大変である。というこ

とは、数学者しか数学の美しさは感じることができないという高次元なことなのであろうか。

　その特集の中に、日本の数学者がそれぞれ自分の思う「世界で一番美しい数式」というものを挙げている。その中から2つを紹介すると、

$$E = mc^2 \quad \cdots\cdots ①$$

$$\sum_{n=1}^{\infty} \frac{1}{n^2} = \frac{\pi^2}{6} \quad \cdots\cdots ②$$

　①の式は「質量とエネルギーの等価性および関係式」という。この何の変哲もない式のどこに美しさがあるのだろうかと思うのだが、これを選んだ人はこの式　エネルギーE＝質量m×高速度c^2　から、
$$m = \frac{E}{c^2}$$
　と変形され、「エネルギーから物質が生まれることを示す式にもなる」という意味の深い式なのだという。そういう深い意味が見渡せる人にとっては、とてつもなく大切で、かつ美しい式ということになるのだろう。

　②の式は数学者オイラーがたどり着いた計算式で、
$$\frac{1}{1^2} + \frac{1}{2^2} + \frac{1}{3^2} + \frac{1}{4^2} + \cdots\cdots$$
　が一見何の関係もないような円周率πに関係する値になるという、まことに不思議な美しい式であるということらしい。この式の発見からまた新たな函数の研究が始まったというから、数学者にはこの式は神秘的な気持ちを抱かせるもののようだ。

　こういうことは、一般の人にはなかなか分からない。その式を使って何かを計算したり考察したりしたことがない者にとって、その式は無意味な存在でしかない。
　しかし、この僕でも美しいと感じた式がないわけではない。

中学校で習った $a^2+b^2=c^2$ というピタゴラスの定理

　三角比で学習した $\sin^2\theta+\cos^2\theta=1$

などの式の簡潔な表現に、僕は不思議さと美しさを感じたのである。

　この2つの式は、どちらも直角三角形から導き出される定理であり、表現は違うが同じ式と言ってもよいような関係性がある。そういうことが分かると、一層美しさは増すように感じられるのである。

　頻繁に利用し、その有効性が分かれば分かるほどその式の価値が増すのである。案外この価値が数学の美しさなのかもしれない。僕のような凡人にも、それなりに数学の美しさを感じることはあるのである。

3 芸術と数学

音楽と数学

音楽は音の作り出す芸術であるから、数学とは全く無関係のように感じられるのだが、音楽の基となる音について発見したり研究したりしたのはどうも数学者らしい。

三平方の定理で有名なピタゴラスは音感にも優れていたらしい。弦の長さによって音の高低があるということは誰でも分かっていることであるが、彼は「ある弦とその $\frac{2}{3}$ の長さの弦は美しく響き合う」（ドとソの関係であるらしい）ということに気づき、研究を進めていろいろな $\frac{2}{3}$ の長さの弦から**ピタゴラス音階**というものを作り出したという。

一方で、弦の長さが $\frac{1}{2}$ になると音がオクターブ高い音（倍音）になるという発見をし、1オクターブ　2オクターブ　3オクターブ……と音が高くなると、弦の長さ a は $\frac{a}{2}$、$\frac{a}{4}$、$\frac{a}{8}$ ……と短くなり、x オクターブの弦の長さ y は、

$$y = a \cdot \left(\frac{1}{2}\right)^x = a \cdot 2^{-x}$$

という指数関数に表すことができる。この関数のグラフは、グランドピアノを真上から眺めたような曲線の形になる。

このオクターブを同じ比率で12分して新しい**平均律音階**を考案し

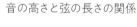
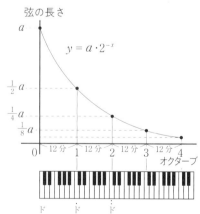

音の高さと弦の長さの関係

たマラン・メルセンヌは僧侶であり、数学者でもあったらしい。

弦の長さ a のオクターブを比率 r で12分すると、

$$a \quad ar \quad ar^2 \quad ar^3 \cdots\cdots ar^{12} = \frac{a}{2}$$

となり、これより、

$$r = 2^{-\frac{1}{12}} \fallingdotseq 0.94387\cdots\cdots$$

となる。

なぜ、オクターブを12の半音に分けたのかということはあまり分かっていないのだが、鍵盤楽器がようやく発達してきた頃であり、基準となる音階を決めなければならないという事情もあったらしい。そして、人間の耳で聞き分けることができる音の違いは、オクターブを12に分けたぐらいのものであるらしいという説や、弦の長さを3：2として作られたピタゴラス音階との近似値的な整合性によるものだとか、諸説あるようである。この平均律の採用によって、音楽は転調がスムーズになり作曲も容易になったという。

セバスチャン・バッハは、この平均律を使って音楽の旧約聖書ともいわれる「平均律クラヴィーア曲集」という長調・短調合わせた48の前奏曲とフーガを作曲し、平均律のあらゆる調で演奏が可能であることを示した。このように、西洋の音楽はとても論理的で数学に満ち満ちているといっても過言でない。

それにしても、楽譜には何と多くの数学的な考え方や記号等にあふれていることかと驚く。音符は2分の1の分数と帯分数そのものである。

などと、音符の長さは２分の１という長さ（短い音符からすると２の倍数）で構成されている。といっても、１拍を３等分した３連音符なども登場するから、まるで算数の分数の時間のようだ。高校の時、ある生徒が「１拍を三等分すると、0.3333……となって割り切れません。どのように歌うのですか」と質問したことがあった。「３分の１にして歌えばよいのです」と先生は答えられたが、面白い問答であった。

　これらの音符のほかに休符もある。音符が連続している奏者はそれに従って演奏し続けておけばよいから、ある面、楽である。しかし、休符の多いシンバルのような打楽器などは、自分の出番まで何拍も数えながら待っていなければならない。しかも、一度っきりの目立つ楽器なので失敗が許されない。音楽でも数えるという難行苦行があるのである。

　そういう音符や休符が並んでリズムを形成する。リズムが違うとまるで違う音楽になる。ボレロやタンゴのリズムは一種独特で、国によってもそのリズムの刻み方に特徴があるようである。ワルツは３拍子、行進曲は２拍子などと拍子によって曲の特徴が生まれてくる。ワルツなどは同じ３拍子ながら、リズムの刻み方によって微妙にニュアンスが違って聞こえる。ウィンナワルツをウィーンフィルが演奏するとウン・チャ・チャではなくウン・チャー・チャと聞こえる絶妙なリズムを醸し出す。

　３拍子の曲なのに、ワルツでは指揮者が２拍子のように棒を振ることが多い。流麗さを出すためだが、２拍子の中で３拍の音を上手に入れなけらばならない。８分の６拍子の曲も２拍子で演奏されることが多い。数学的に見ればややこしい計算になるが、演奏する方はそういうことは考えることもなくきちんと演奏できるのである。感性の賜物である。

　最近の音楽は、シンコペーション（切分音）が多く、強弱やリズムの刻み方が難しく、僕のように童謡と唱歌で育った年寄りは演奏に苦労する。まさに感性のなさである。こういう音符やリズムが五線上に高く低く踊りのようにちりばめられているのである。

　楽譜には、その上に速さ（テンポ）まで ♩＝100のように１分間に何拍と決められているから、音楽は数字にがんじがらめである。一流の音楽家は、

そういう束縛を全く感じさせることなく観衆を心地よくするのだから大したものである。

　オーケストラの演奏会では、楽員が入場してしばらくすると、オーボエが音を発し、各楽器がそれに呼応して音合わせ（チューニング）が始まる。オーボエが出す最初の音がラの音（Ａ音）であるという。この音はピアノの中ほどにあるラと同じ高さで、440Hzの周波数の音であるといわれている。西洋音楽はここまで科学的にやかましいようである。といって、オーケストラは時代や楽団により、あるいは指揮者により、この440Hzにこだわっていないようでもある。Ｎ響あたりでは442Hzにして音の響きを増しているとも聞く。弦の長さが半部になるとオクターブ上の音になるが、周波数でいえばオクターブの上の周波数は２倍になる。ラの周波数440Hz、オクターブ上のラの周波数は880Hzとなる。

　音楽ではこのチューニングがとても大切で、ピアノやヴァイオリンの協奏曲などでは、独奏楽器との音合わせは入念に行われる。一流になれば、きっちりとそれも素早く完了するが、素人楽団では時間がかかり、しかもピッチが合っていないのに演奏していることもある。最近では、その音合わせのチューナー機器があり、数的にしっかりした音程を検索してくれるが、これに頼る音合わせというものは無機的で味気ないものである。微妙なニュアンスの音作りは人間の耳に頼るしかない。

　大学時代、僕は何を思ったか和声学の本を買って独習したことがあった。この和声学における音楽理論は、まるで数理科学の中にいるような感じのものであった。３つ以上の高さの違う音（例えばド・ミ・ソ）が同時に響くと和音と言われるものになるのだが、和音についてはこまかな規則や理論があり、まるで数学書を読んでいるみたいなところもある。

　ド・ミ・ソの和音では、ドとミの間は３度の開き、ドとソの間は５度の開きとなる。ド（根音）に対して３度のミの在り方が曲の感じを決定づける役割をする。いわゆる長調（メイジャー）の曲なのか、短調（マイナー）の曲なのかということである。

ド・ミ・ソの和音で、ミを♭(フラット)にする、しないで和音の響きは大変化する。

ド♭ミソは、実はハ短調における移動ド唱法でいえばラドミという和音で短調そのものの主和音になっているのである。

同じ調号(♯や♭)を持つ曲なのに、長調の曲、短調の曲に分かれるからそれを見分けることも必要である。何も調号が付いていない曲はハ長調かイ短調ということになる。これを平行調といい、ネーミングもまた数学的である。同主調だの近親調だのと音楽理論は込み入っていてうんざりするが、曲として演奏されるとそういうことは全く吹き飛んで、音の調べに酔い痴れる。

数学の教諭として中学校に勤め出したが、学校では半ば義務付けられたように、部活動の顧問や指導の役が回ってきた。スポーツ競技に取り柄のない僕は、合唱部や吹奏楽部を持たされた。本来は音楽の先生が持たれるのだが、何か不都合があると体よく僕に回していただくピンチヒッター的部活動顧問であった。

吹奏楽顧問の時は、校歌の編曲を毎年のようにしなければならなかった。僕に受け持たされる吹奏楽部は廃部寸前の小規模のものが多く、旋律を吹く楽器の部員が卒業などでいなくなると、穴埋めに他の楽器で旋律を吹くこと

にしなければならなかった。ところが、管楽器は移調楽器で俗にいうドレミの高さが楽器によってちがうのである。C管やらB♭管、E♭管、F管、A管など多種多様で、楽譜の調号（♯や♭）を変えなければならず、この移調や楽器の特性に応じた編曲に一苦労した。何とか凌げたのは、僕の数学的感による独学の和声学のおかげであったと思っている。

　時には、地域の団体から演奏を頼まれることがあり、については団歌を演奏してくれという依頼もあった。そして渡されるのはピアノ譜のない団歌の楽譜であった。その１枚の楽譜で、生徒には全部の楽器が同じ旋律を吹くことさえも難しいのに、何たることかと怒りながら、僕はバンド演奏用に編曲しなければならなかった。ピアノ譜があると編曲はずい分と楽になるのだが、それがないと、旋律に和音を付けたり、パーカッション（打楽器）でどうリズムを際立たせるかなど一からやらなければならなかった。それを楽器の数ほど楽譜を作らなければならず大変な作業になるのであった。

　難行苦行の編曲であったが、演奏してそれがいい音楽になっていると苦労が報われたとうれしくなるのであった。演奏のお礼にと１、２万円いただくこともあったが、僕としては編曲代として４、５万円はいただきたい気分になることもあった。

　西洋音楽は突きつめていくと、数理的にもどっしりとした論理性を持ち揺るぎがないが、民謡などは民族によって独特な音階があり、西洋音楽のごとく精密ではない。しかし、そこがまた民族音楽の魅力である。

美術と数学

　空間概念について研究することは数学の大きな役割であると考えていたときに、僕は「空間概念」という作品に倉敷の大原美術館で出合った。そこには赤いカンバスを鋭い刃物で切り込んだ三本の裂目があるだけであるが、鮮烈な印象を受けて、というよりその鋭さに圧倒されて、僕はしばらくその場を離れることができなかった。

　どうしてこれが空間概念なのかと思いを巡らすが何も分からない。鋭い裂目が僕の目と心をなお刺し続けるのであった。そして、一体これは何か、絵

画でもない、彫刻でもなさそうである。作者のフォンタナは、何でもありません、これは「空間概念」という新しい範疇の作品ですと言ったという。一度見て、その絵は忘れられない強烈な印象を残してくれたが、ショックでもあった。

　絵画は普通、３次元空間にあるものを平面という２次元空間に写像（マッピング）する作業である、といってよいのかどうか分からないが、人物でも物体でも自然でも厚みや長さがあるものを画面という平面に写し取らなければならない。素人の僕などが描くと何を描いても平面そのものだが、画家たちの描く絵画は平面の中に立体が見え、遠近があるから不思議である。実像より深みがあるかもしれない。そういう技法を生み出していく画家たちの努力や工夫には驚嘆するばかりである。しかし、そこにはダヴィンチに代表されるように、画家の目のほかに科学者の目があったことも忘れてはならないであろう。

　立体を平面に写すもどかしさは、新たにキュービズムなどの画法を生むきっかけになったのかもしれない。抽象画になるともっと多次元の思惟を画布に表しているのかもしれない。人類は３次元以上の物をまだこの眼で見たことがない。数学では多次元の空間も予想した論理が展開されているようだが、それとて思考の産物なのである。

　美術と数学の関係は古くから言われている。例えば、古代ギリシアのアテネポリスの神殿の美しさは黄金分割比で造られたからであるとか聞かされていたが、黄金分割比がなぜ美しく見えるのか分からない。今もその視点は、まだ僕には育っていない。

　黄金分割について計算することは簡単なのだが、何故それが美しいとは説明できないのである。日常に使っている名刺の縦と横の比はこの黄金分割の比 $1 : 1.6180$……$\doteqdot 5 : 8$ になっていると言われるのだが、特段美しいと思ったことがない。

　黄金分割とは、ある紐を $a : b$ に分けるときに $a : b = b : (a + b)$ となるように分けるとよい。ということらしい。この式を変形すると、

$a(a+b) = b^2$

$a^2 + ab - b^2 = 0$

ここで a を 1 と置くと

$1 + b - b^2 = 0$

これを解くと

$b = \dfrac{1+\sqrt{5}}{2} = 1.61803$

だから　$1 : 1.61803 \fallingdotseq 5 : 8$

　この黄金比については、あのレオナルド・ダヴィンチも知っており、彼の絵画の随所にこの比があるという。美術の解説書などには、ダヴィンチの絵でその黄金比の使われている部分を示しているのだが、「本当？」と今でも僕は懐疑的である。黄金比の美しさが分からない者の悲しさでもある。しかし、ダヴィンチの絵の素晴らしさや美しさ、時には不思議さは僕にも分かるのである。

　フィボナッチ数という数列も絵画等で利用され話題になる。フィボナッチ数列とは　1，1，2，3，5，8，13，21，34，55，……と並んだ数列で、前2つの数を順に足してできた数の列である。この数列は自然界の植物の花びらや葉っぱの数に見らるといわれ、向日葵の種の並び方がよく例に上がられる。

　このフィナボッチ数列の隣り合う数の商（例えば55÷34）を取って見ると、だんだんと黄金比1.618……に近づくというのである。ダヴィンチのモナリザの顔も、このフィボナッチ数列の配列で描かれているという人もいる。だから美しいのだと。しかし、僕はそんなことは知らない。モナリザが美しい

のは目元や唇の表情が微妙に豊かであるからだと思っている。画家が黄金比で描いたから美しいのか、画家が描いた美しい絵がたまたま黄金比になっているのか、その因果関係がはっきりしない。

『ナポレオンの戴冠式』という大作の絵が、ルーブル美術館とヴェルサイユ宮殿にある。一目には同じもの（合同）と映るのだが、細部は微妙に人物が変わっていたりするという。それにしても大した模写力である。

オルセイやルーブル美術館などでは、若い画家たちが名作の前で模写する姿を見かける。そっくりに描いてもいいのだが、同じ大きさのものを描いてはいけないという決まりがあるという。偽物を生み出さない方策であろうが、見ていると、画家の力量は様々なようで見事に相似なものもあれば、まるで似ても似つかわしくない模写になっているものもある。古典作品を前にして、わざわざ現代風なタッチでアレンジしている人もいるようだ。僕にはそれが自分の技能のなさを隠すための、あるいは自己宣伝のための策術ではないかと思ったりした。

ここで相似という言葉を使ったが、相似とは形が同じものであれば相似なのである。色などは問題にしない。しかし絵画の模写ともなれば形と色彩が同じでなければならないであろう。それよりも何よりも、原作者の意図や工夫や迫力なども捉えて描かねば、魂の抜けた抜け殻の絵になるであろう。日本の有名画家の中にも、若き日にこういう模写をして絵を残している人がいるが、どれもさすがと思わせる模写絵になっているのでうれしい。日本人画家のパリへの憧憬の表れかも知れない。

小林秀雄の『近代絵画』で、セザンヌという画家の描写法や画壇における位置付けなどを知った。そして、セザンヌの面の描き方について一種独特な表現に魅せられもした。ベルナールが書いた『回想のセザンヌ』という本を読むと、セザンヌがベルナールに送った書簡の中に、

「自然は球体、円錐体、円筒体として取り扱い、全てを遠近法の中に入れ、物やプラン（平面）の各側面が一つの中心点に向かって集中するようにすることです。水平線に平行な線は広がりすなわち自然の断面を与えます……この水平線に対して垂直の線は深さを与えます。ところで私たち人

間にとって自然は平面においてよりも深さにおいて存在します……」

という一節があり、幾何学的な芸術の復活を示唆しているという。

その後絵画は、ピカソなどのキュービズムが興り、モンドリアンなどの長方形の構成による幾何学的絵画も出現した。

ジョージ・ヴァントンガローという画家は、ついに「$x^2 + 3x + 10 = y$」という数式の絵を描いている。題名のこの式は2次関数で、グラフにすると放物線を描くのだが、絵には放物線どころか曲線のかけらもない。水平と鉛直の直線による長方形の構成による絵である。

僕はこの絵から、この式の数学的片鱗を見つけ出そうと努力したが、何も見つけられなかった。どうしてこの絵がこの式を表す絵なのか分からない。戯れに付けた題名なのだろうか。抽象画はどう見られても構わないといったものの、その真意が伝わってこない。

ひょっとすると、2次関数などを扱う数学などというものは何が何だかさっぱり分からず、放物線でも四角形でも何でもよい代物で、大体こんなものであるという作者の意志表明なのかもしれない。絵の題に数式を使い、関心を持ってもらっただけでも有り難いと思わなければならない。

4　紙と鉛筆と数学

物理学を専攻し、芥川賞作家でもある円城塔が「数学者にとって必須の
ツールは何か」という問いに対して、こう述べている。

「数学者は紙と鉛筆さえあればいいというのは間違いで、ほかに図書館と
旅費が必要なんです。今、大学改革で『紙と鉛筆があればいいのでしょ
う』という扱いを受けて、えらい目に遭っています。

　まず、本は欠かせません。物理ならここ20年くらいの本があればとりあ
えず十分ですけれど、数学者は下手すると200年、300年と戻りますから。
今でもガウスやオイラーぐらい戻ってもやることが見つかったりする。

　それと交流のための旅費、みんなが集まれる場所と黒板ですね。数学は
人と一緒にするものなんです。数学者は世界中で常に議論を繰り広げてい
ます」

と答えている。数学が紙と鉛筆でできるとはとんでもないことで、数学の
研究にはそれ相応のお金がかかるということを主張しているのである。

また、その本の編者は、数学の研究対象は、未だにユークリッド原論にま
でおよび、

「近現代でも『ユークリッド原論』を読み直して、新しく現代数学を仕立
て直したりしています。読み直しも重要な仕事です」

と言っている。こういう天才の話を読むと、数学研究の本質的なものが見
えてくるから大変参考になる。

僕の教え子で、日本評論社の編集者の大賀雅美嬢から『技術を支える数学
　～研究開発の現場から～』（九州大学産業技術数理研究センター編）という本を
いただいた。その内容は『数学は社会に役立っているか』という視点で、現
在、産業界ではどのように数学を活用しているかという現場からの研究報告
書になっている。そこで使われている具体的な数式の内容や意味は僕には分

からなかったが、数学が思いもよらぬ多様な企業や産業の現場で使われ有効に働いていることを知り、数学への認識を新たにすると同時に、何か頼もしいものを感じた。

その本の中に、僕には耳の痛い論文があった。その論文の主旨は「数学は紙と鉛筆そして頭脳」があればできるという認識への警告であった。そういう認識でいると、数学が基礎研究にとどまり、社会への応用という視点が弱くなるという指摘である。結果として、各方面からの数学研究への人的・財政的支援が少なくなっていく。だから数学関係者は、数学が産業に果たしている役割をもっとアピールすることが大切であるという主張であった。「紙と鉛筆があればできる」という経済的理由から数学を選んだシカ・ノミ先生にとっては、警告とも受け取れる問題提起であった。

この本でもう一つ衝撃を受けた。それは「忘れられた科学—数学」という文部科学省科学技術政策研究所が発表した報告書であった。僕は、数学はもう忘れられているのかという衝撃に似た危機感を持った。改めてその報告書を読んでみると、日本は先進国に比べ財政的な支援が少なく数学研究所などの数も少ないこと、そのことが基礎数学の研究に比して応用数学の研究が停滞していることが報告されていた。数学の置かれている危機的存在を打ち破る努力がこれからの数学教育に必要のようである。

僕がもっとも耳に痛かったのは、「数学は紙と鉛筆と頭脳」があればという言葉であった。「紙と鉛筆」だけではなかったことである。やはり「頭脳」が必要であったのかと、この本で改めて気づかされた。道理で僕は大学の数学が分からなかったわけで、その理由がやっと分かって納得したが、悲しくもあった。

5　数学者と数学教師

　京都大学の教授で心理学者の河合隼雄という人がいた。語り口が洒脱で面白く話も分かりやすかった。その彼は京都大学・理学部数学科の卒業生であるということを、『河合隼雄自伝』(新潮文庫) で知った。

　彼は高等学校からではなく高専から京大に進学したという。高専時代にはできていた数学が、大学の数学はさっぱり分からなくなってしまったというのである。

　曰く、「ところが、(数学が) もうガラッと変わるわけです。完全に純粋数学になるのです。しかも純粋数学の基礎からやるから、どの講義を聴いても全部分からないんですよ、ほんとに」「数学科は先生の力と学生の力が隔絶している」「わからないんですよ」。

　ところが、そういう講義でも何でも「分かる奴が一人はいるんですね」。そして劣等感にさいなまれて休学し、数学の研究者になることはあきらめ、教えることが好きだったので高校の教師になろうと決めた。

　大学なのに、数学科では「卒業論文がないんですよ。要するに、おそらく論文を書ける人はいないだろう、だからいままでやったことを習うだけでよろしい」ということのようであった。

　「だから数学科では大学に入って研究してというようなことはないんですね。ところが、先生方はそうしていてもいい学生はパッと見つけてきて、それはちゃんと研究室に残っていくんですよ。一人か二人ですけどね」

　と、数学者になれる人は特別な存在で、中高で数学を教える教師とは異なる格段の才能が必要なようであると言っている。

　そう言いつつ彼は心理学に活路を見出し、膨大な心理学関係の資料を得意な数学の計算や統計を駆使して処理し、臨床心理学者の第一人者として活躍するようになった。数学者にはならなかったが、数学を使って他の専門分野

第8章　数学教育点景　　307

の学者になったのである。

　河合隼雄の自伝を読みながら、彼のレベルとは全く違うのだが、なぜか自分の経験や感情に似ており共感させられるのであった。中高の数学教師にはなれても数学者にはなれない。どうも数学という学問は生やさしいものではなさそうである。

　確かに、高校までの数学と大学の数学は違っていたなあと実感する。高校までの数学は計算の果てに解が待っているという実感があった。しかし大学の数学は、まず何を計算すればよいのかさえうやむやで、計算なのか、考え方なのかも分からず、解が求まるという確信も期待もなかったような気がして雲をつかむような感じであった。そういう数学をやすやすと理解しているらしい者もいるようなのだから不思議というか、羨ましくて仕方がない。

6 和算 (日本の数学者魂)

　和算について知ったのは、小倉金之助著『日本の数学』(岩波新書) からであった。中学校や高校の日本史の時間に江戸時代の和算の興隆について学習したが、内容に触れたことは一度もなかった。吉田光由の『塵劫記』、関孝和、建部賢弘などの名を知っただけである。関孝和は関流と言う家元制度のようなものを作って指導していたらしい。

　和算とは明治以降、西洋数学に対して使われた言葉であるのだが、西洋の数学が輸入されてくるとだんだんと廃れていった。和算の書物は当然のごとく、太々しい墨書きのしかも縦書きで、古文が苦手な僕には抵抗が大きく読む気にならない、というより読めないと言った方がよい。記号や用語が独特で馴染みがない。日本語ながら翻訳が必要である。

　その翻訳された和算を読むと、幾何はもとより微分や積分などにいたる西洋数学に勝るとも劣らない高度なものもあることが分かってきた。江戸時代は長い鎖国の中にあり、西洋文化に触れることは少なかったので、和算は独自な発展を遂げていったのかもしれない。その遺産は明治以降の西洋志向の施策や学制により、残念ながらいつの間にか消えてしまったようである。

　ただこういった和算家の努力や気質は、庶民の教育にも投影しているものと考える。江戸の庶民の子どもたちの教育は寺子屋で行われたということであるが、そこでの教育内容は、「読み、書き、そろばん (算盤)」であった。算盤は計算ということで、商いや庶民の生活には欠かせないもので、日本人は勤勉にそれを学んでいた。義務教育でもない時代に多くの庶民は教育の必要性や大切さを感じ、学んでいたのである。その頃の世界の識字率を調査したものの本によると日本が一番であったという。さもありなんと、誇らしく思ったものである。

　『算額武士道』なる題の本を本屋で見つけ、何のことかと読みだすと、和

算家たちの凄まじい数学競争の物語であった。それまで全く知らなかった和算家たちの世界がそこには展開されており、僕は驚きに似た感動を覚えた。

「算額」とは、自分が見つけたり考え出したりした算術の内容や問題を絵馬や額にして、神社・仏閣に奉納したという日本独特の風習であるという。神社・仏閣に奉納するということは、算術に神がかった美しさを自分が発見できたことへの、神や仏への感謝を表すことでもあったらしい。

しかし、人々が集まる場所にそれを掲げるということは、それを大勢の者に読んでもらいたいという願望や、またそれを認めてもらい賞賛を勝ち取りたいという自己高揚の場でもあったらしい。

初めの頃は、発見した算術的内容や問題とその解答を掲げるということであったらしいが、時が経つにつれて、問題だけを掲げ、「俺の考えた問題を解いてみよ」という挑戦状になっていったという。そしてそれを見事に解いた者がその解答をまた算額として奉納したという。

こうなれば算術競争で、和算家たちは自分の能力を競い誇示するのであった。今でいえば数学オリンピックみたいなものが、日本では江戸時代から始まっていたのである。何とも愉快なことである。ただ、その頃の和算家は貧しく、仕官するのに必死であったらしい。その職位も勘定方など決して高いものではなかったという。

和算家ではないが、日本の地図を作った伊能忠敬（1745－1818）などは天文や算術に優れ、また測量の技術を高めて、足と縄と分度器などの簡単な道具を使って日本全国の地図を作っている。それは、現在の地図にも匹敵する精巧なもので、江戸人の驚嘆すべき力である。

そういう和算家たちの姿を描いた読み物として、

『数学の文明開化』（佐藤健一著　時事通信社）

『江戸の天才数学者』（鳴海風著　新潮選書）

『小説　和算の侍』（鳴海風著　新潮文庫）

『四千万歩の男』（井上ひさし　講談社）

などがある。うれしいことに、現在の小学校算数教科書では、和算について写真などを掲載して紹介しているものもある。

7 現行教科書考 (現行教科書を読む)

　この原稿を仕上げるにあたって、平成27、28年度に発行され、現在学校で使用されている小学校算数と中学校数学の教科書を数社分参考にさせてもらった。全般的に感じることは、僕がこれまで述べてきた教材の精選に対する考え方に沿ったようなかたちに内容が充実していることである。また、取り扱いについてもアクティブラーニング等の指導法を目指したような記述になっており、数学教育に対する期待や手法など時代の要請に応えるものになってきているということである。

　まず何といっても最初に気づくことは、教科書の大型化、カラー化ということである。これは算数・数学の教科書に限ったことではなく、競うようにして大型化し、紙質も格段に良くなっている。その分全体に重くなってきているのは否めないが、カラー写真・イラストなどの発色もよく、子どもたちにとっても理解しやすい図版や説明になっている。大型化によりそうしたスペースが増やせたということであろう。

　昭和時代の数学教科書は、表紙は別として本文は黒一色か、せいぜい赤を少し使った二色刷りで、しかも数学的図形しか描かれていなかったことを考えると、今の教科書の見事さは隔世の感がする。昔でいえば高価な参考書と言っていいぐらいの出来栄えである。しかも、色覚による個人差に配慮したカラーユニバーサルデザインを取り入れるなどの配慮ぶりである。

　また、どの教科書にも学習を進める役を漫画やアニメの主人公が担っており、吹きだしなどで教材内容のまとめや疑問、あるいは解法の勘所などを語らせるという手法を用いている。

　子どもたちにとって漫画やアニメは親しみやすく分かりやすいのだが、問題は教室の子どもたちよりも先に、教科書の主人公たちが解法やアイディアを出してしまっているということである。教科書と参考書の差異がほとんど

ないくらい、今の教科書は至れり尽くせりの観がある。

　教科書が子どもたちの自習書であれば、それはそれなりの役割を果たしていると考えられる。しかし、日本の学校の授業は、子どもと教師がいてそして教科書があるという構造であるので、あくまでも解決の主人公は教室の子どもたちであるということを忘れてはならない。教師はそのことを踏まえて、子どもと教師が共に創りだす授業にしていく工夫が必要である。

　現行（平成30年）の教科書の内容や編集で感じられるのは、これまでの教育課程改訂で精選という名で削除されていた教材が復活してきたことであろう。ただ単に、元に戻ったということではなく、それらの教材の取り扱いが、子どもたちにとっては自由研究として、教師にとってはアクティブラーニングを教育の手法として取り入れることなどを意識して、編集・掲載されていることである。

　これは、文部科学省の方針や教科書検定の在り方などの変更に負うものが大きいのかもしれないが、子どもたちの自由な発想や問題解決力を養うものとして歓迎されるべき変化であると考える。要は、この変化を教師が十分に咀嚼し、如何に本物の指導力を発揮するかということに懸かっているといえよう。

　もう一つの視点は、数学が生活や芸術文化、産業の発展など社会に果たしてきた役割やその有用性を、子どもたちに伝えようとする意図の内容が増えてきたことである。数学史をはじめ和算についての興味深い記述は、人知のすばらしさを伝えるもので、人類としての誇りやこれからどう生きて行けばよいかなど、生き方をも示唆してくれているようである。

　ただ、内容が豊富になった分、消化不良を起こさなければいいがと思う。これは、児童生徒の消化不良はもちろん、教師の消化不良も懸念されるからである。学校は授業時数の確保に苦慮している現実がある。

　文部科学省は、教材内容を豊富にするという施策を打ち出す割には、学習時間確保や人材の確保、財政的措置は各自治体や学校で工夫せよという意識で、財政状況等による地域格差も生じている。また、教育改革に熱心で手を

挙げた地域や学校には援助するが、手を挙げられない地域への支援は少なくするという新自由主義的な手法は義務教育には馴染まないのである。

　一方新しい教材の導入は、教師にとっては楽しみであるとともにある種の不安でもある。その教材を子どもたちに教えられるだけの知識や能力があるかどうか、不安を抱えながらの授業になりかねないからである。

　こういう不安を一掃するための教育課程講習会や実践事例研究会を行政は仕組むことが必要であるし、学校での研修はもちろん、教師同士でも校内外の研究サークルなどを作って実践的研究を深めることが望まれる。

　などと理想的なことを述べていると、普段でも忙しいといわれている先生方からお叱りを受けそうなのだが、教師というものはある面そういう宿命を背負っているのだ、といったら言い過ぎだろうか。だからこそ、教育行政における人的措置や予算措置が重要になってくるのである。

　現行教科書は、目新しく映る教材を取り入れようとする意気込みが各社とも大いに感じられる。しかし、新しいものを入れようという気持ちが勝って、あれもこれもと他社に負けられないように競った挙句、使われている写真や図、歴史資料が各社とも似通ってしまったのは惜しまれる。問題は、その教材をどのような視点で載せたのかという意図がはっきりしていて、その教材をどのように教えていくか、あるいはどのように発展させていくかという道筋をはっきり示しているかどうかということにある。教科書採択にあたってはこういうところへの見極めも大切になってこよう。

　僕が学んだ昭和20〜30年代は、教科書は有償であったので、貧困家庭の子どもたちは苦労した。上の姉や兄たちからのお下がりを使ったり、隣近所で融通しあったりした。教科書は一代のものでなく次に引き継ぐものでもあったから、教科書に書き込みをするなどということは少なく、大事に大事に扱った。

　教科書の無償制度ができると、教科書は一代きりのものになり、使い方にも変化が現れるようになった。書き込み自由、切ったり貼ったりすることもできるようになった。そして、昔の雑誌のように教科書に付録をつけるよう

な会社も出てきた。こういう教科書を、教師はどう使って授業を組み立てていくのか、授業時数との関係や子どもたちの興味・関心や能力、あるいは学校にある教具や備品なども考慮しながら問題意識を持って取り組まなければならないであろう。

　また、現在はICTの時代であり、子どもたちの周囲には、パソコンをはじめタブレットなど情報機器が準備されているところもある。これらの機器と教科書をどのように共存させ、あるいは使い分けしていくかということも、教師に課せられている課題である。

8 数学からの贈り物 (数学の素養は残ったか)

　この原稿を書くにあたって、これまでどういう数学の本を読んできたか、自分の書棚から引っ張り出してみた。それらの数学の本の大部分は、今は書棚の後ろの方に押し込まれていて取り出すのに苦労したが、久しぶりに大学時代に使った数学のテキストと出合った。

　ぷーんとかび臭い匂いを嗅ぎながらページをめくってみると、そこには見たこともないような数式や用語が並んでいた。でも、テキストの余白には確かに見たことのある下手くそな自分の文字で、計算や注が書いてある。しばらくそのページを読んでみるのだが、何のことかさっぱり分からないのであった。こんなことを自分は勉強していたんだという実感よりも、そういうことをすっぱりと忘れてしまっている自分に驚くばかりであった。

　さっぱり分からなかった関数論のテキストを開けてみても、その頃には分かっていたような記述や書き込みがあり、重要な部分にはアンダーラインがちゃんと引かれている。こんな抽象的で難しい概念を学生の頃分かっていたとは、今の自分にはどうしても思えないのであった。

　中学校の数学教師をしていた二十数年、そして教育行政の仕事に携わった二十数年、この半世紀足らずの間に、微分・積分も群論も位相数学も三角関数も対数の計算も、霧の彼方に消えてしまっている自分を発見するのであった。学生時代に学んだ数学とは一体何であったのかと啞然とし、しばらく考え込んでしまった。

　僕は今でも大学入試の季節になると、新聞に掲載される大学センター試験の数学の問題と地元宮崎大学の数学の入試問題を解いている。なかなか公式が思い出されず、時には公式作りからやらなければならない。定義をしっかり覚えているときは公式作りも比較的速いのだが、定義すらすっかり忘れて

しまっているものも多い。確かこういう公式があって、それを使うとこの問題はたちどころに解けるのだが、という記憶はどこかに残っているものの、思い出せずいらいらする。その上、計算速度が極端に遅くなって時間も倍かかる。数学の能力は僕の場合、歳とともに去りぬということのようだ。

ただ、今は便利な時代で、パソコンなどのインターネットで調べると、数学公式などはたちどころに検索ができる。だが、それでは自力解決の醍醐味や爽快感に欠ける。

高校数学は概して、計算して答えを求められるという問題解決へのアルゴリズムに満たされており、ある種の安心感がある。大学の数学は、計算はもちろんだが論理の組み方や積み重ねなど、概念の合理的な活用や汎用によって問題を解決していかなければならず、それだけに厳密で抽象的な思考ができなければならない（注 アルゴリズム：規則、手順、操作の系列、例えば方程式解法の手順、流れ図）。

最近、人工知能AIの研究が進み、数学はAIで解けるのではないかという話も聞こえるのだが、あるAI研究者は、「現代数学は概念の科学です。概念をAIが理解することはかなり難しいですね」。そして、「数学は計算だけでなく、多分に哲学的要素というか精密な概念の科学を含みます。現代のコンピュータ上のAIは計算は得意でも概念の数学は苦手です。その克服がAIの第一の課題です」と述べている。

高校までの数学と大学以降の数学は、大いに趣を異にするということであろう。

それにしても、大学センター試験の様式には馴染めない。何となくベルトコンベアに載せられ、その途中の意味付けも分からないまま、言われたとおりに計算していくと解に行きついているという感じの問題もある。決して気持ちのよいものではない。自分で考え導いた解ではなく、他人の思考に乗せられてその時々をクイズのように枠を埋めていくだけのようで、何とも面白くない。

今の高校生はこの方式の回答の仕方に慣らされ、何とも思わないのかもしれない。しかしこれでは、自力の問題解決能力はつかないのではないかと心配である。

　センター試験は短時間に大量の採点をし、しかも公正性が求められているので、いきおい今のかたちにならざるを得ないのかもしれない。しかし、これから世界で活躍する人材を育てるためには、センター試験の中にも受験生一人ひとりの思考を大切にし、深化させていくという解法過程が見られるような問題を取り入れていく工夫が必要ではないかと考える。

　そういう意味で面白かったのは、森毅の『数学受験術指南』(中公新書)という本であった。昭和56年 (1981) の著作だから、今の大学試験制度下では参考にならないかもしれないが、受験数学といえども数学の本質を忘れない受験術なるものを展開しており、痛快でもある。一読を薦めたい本である。

　学生時代に学んだ数学知識の大半を、今の僕は忘れ去ってしまっている。だが、これまでの自分の人生を振り返ってみると、知識そのものより、知識や技能を得る過程における思考の仕方や問題解決に取り組む態度等が、自分の生き方のスタイルを形成しているのではないかと考えている。

　数学に限らず何の学習でも、学習に打ち込んだ経験そのものが知らず知らずのうちに血となり肉となって、自己形成に役立っているのである。学習するという過程で大切なことは、知識や論理だけでなく、論理の進め方であったり、そのとき自分は何を考えていたか、そのとき教師は何をさせようとしていたか、何を言っていたかなど、学習行動に付随したその時の教室の空気であったりする。

　こう考えるとき、教師はどういう子どもたちの育成を目指して指導していかなければならないのか、日々の授業において実践していることが重要であろう。

　宮崎にガウスという大数学者の名をとった、宮大学芸学部数学科出身者５名でつくる「ガウス会」なるものがある。メンバーは県や市町の元教育委員長や教育長、高校校長、そして大学教授の平均年齢80歳と思しき同窓会的な

内輪の集まりである。といっても過去の人ではなく、地域や団体の中で今も活躍され、影響を与え続けておられる方々ばかりである。その会に途中から僕も参加させていただくことになった。年3回程度、2時間足らずの昼食会であり会費も会則もない。ましてその日の議題なるものもない。とにかく集まってお互いの消息を確かめ、その時々の話題になっていることを思い思いに話されるだけの会である。

　僕はほとんどその大先輩方の話の聞き役であるが、その話がまた面白く刺激を受けることが多い。過去の思い出話も興味尽きないが、それよりも今、ご自分がなさっている活動や今日の世相や教育などについての談義は率直で鋭く、時には意表を突くものもあり楽しい。

　その中で感心するのは、先輩方の話の仕方であり、話の受け止め方である。論理的であると同時に理性的で、意見が異なると互いの考え方や視点の違いを明確にされ、それらをお互いに受け止めながら、ご自分の意見を述べられるという在り方である。数学を学んでこられた方々は、このような論理的思考や生き方をなさるのかと興味津々である。

　最近、歳を取ったせいか、僕の思考法は、論理的というより感覚的になっていることが多い。きっちりと論理を積み重ねていくという作業が煩わしくなって、経験的直観や感情によって何かを決めようとする力が働くのである。様々な感情や世間のしがらみに惑わされることもある。ガウス会の先輩方の生き方や考え方を参考にしながら、これまでに学び積み重ねてきた数学的な素養や経験を活かし、ぶれのない人生を歩んで行きたいものであると、会があるごとに思う。……のだが、さて、どうなることか。

［参考文献］

小・中学校算数科・数学科教科書（啓林館・東京書籍・教育出版）

高校数学科教科書（数研出版）、数学活用（啓林館）

学習指導要領（文部科学省）

公式集　春日正文編（科学新興社）

算数数学科重要用語300の基礎知識　平林一栄・石田忠男編（明治図書）

数学辞典　窪田忠彦編（大阪書籍）

ユークリッド原論　中村幸四郎・他（共立出版）

数学のあけぼの　　アルパッド・K．サボー　　村田全・他訳（東京図書）

数について　デデキント　河野伊三郎訳（岩波文庫）

数理哲学序説　ラッセル　平野智治訳（岩波文庫）

科学と方法　ポアンカレ　吉田洋一訳（岩波文庫）

不可能の証明　津田丈夫著（共立出版）

Basic Concepts of Geometry　Prenowitz / Jordon (Wiley International Edition)

How Children Learn Mathematics　Richard W. Copeland (Collier Macmillan
    International Editions)

いかにして問題をとくか　ポリア著　垣内賢信訳（丸善）

数学＝創造された宇宙　シャーマン・K・スタイン著　三村護・他訳（紀伊國屋書店）

物語　数学の歴史　加藤文元著（中公新書）

秋山仁と算数・数学不思議探検隊　秋山仁監修（森北出版）

算数・数学は楽しく教えよう　田島一郎監修（日本評論社）

遠山啓著作集　遠山啓著（太郎次郎社）

戦後日本の数学教育改革　松田信行著（明治図書）

アシモフ選集　矢野健太郎監修（共立出版）

ペレリマン幾何のはなし　金光不二夫訳（東京図書）

数学点景　一松信著（朝日新聞社）

数学がみえてくる　田村二郎著（岩波書店）

数学で何を学ぶか　森　毅著（講談社現代新書）

数学受験術指南　森　毅著（中公新書）

芸術における数学　マイケル・ホルト著　西田　稔訳（紀伊國屋書店）

日本の数学　西洋の数学　村田　全著（中公新書）

コンピュータと教育　佐伯　胖著（岩波新書）

単位もの知り帳　小泉袈裟勝著（彰国社サイエンス）

数の世界雑学辞典　片野善一郎著（日本実業出版社）

纂私語録　安野光雅（朝日文庫）

Play Puzzle　高木茂男（平凡社）

「無限」に魅入られた天才数学者たち　アミール・D・アクセル（早川書房）

数学ロマン紀行　仲田紀夫（日科技連）

数学100の発見　数学セミナー編集部（日本評論社）

　※その他、本文中にある書籍名の本など

あ と が き

　数学やその教育については、まだまだたくさん書きたいことが残っている
のだが、シカ・ノミ先生の限界はもう、とうに過ぎているようである。
　昭和20年代の戦後から今日までの日本の数学教育の変遷を、児童・生徒・
学生そして教師として体験してきたことは、刺激的でうれしいことであっ
た。数学の力は今一つであったが、「数学の教え方では誰にも負けたくない」
という大それた夢を持ち、子どもたちが社会に出たときに困らないほどの数
学の力は付けさせたいと念じながら、僕は授業に取り組んできた。
　そのために、子どもたちに分かる数学の授業を展開すること、そして子ど
もたちに数学ができるという実感を持たせることを重視していた。それには
何にもまして、数学の授業が真に楽しいと感じられるものにしなくてはなら
なかった。
　シカ・ノミ先生は無い知恵を振り絞って、授業づくりに必死に取り組んだ
つもりであった。だが、いかんせん非力ときている。想いとは裏腹に、これ
はと満足するような「よい授業」はなかなかできなかった。まして、子ども
たちが主体となり高めあっていく「優れた授業」を仕組むことは、並大抵の
ことではなかった。
　そういうシカ・ノミ先生の不十分さを補ってくれたのは子どもたちであっ
た。子どもたちの発想は柔軟闊達で面白く、誤答の中にも素晴らしい考え方

が潜み、授業を豊かにしてくれるのであった。こういう生徒の取り組みに助けられながら、シカ・ノミ先生は少しずつ成長していった。シカ・ノミ先生の先生は実に生徒たちであった。

シカ・ノミ先生がともかくも数学教師として何とか終えられたのも、多くの子どもたちや同僚・先輩、そして保護者の方々の支えがあったからのことで、感謝するばかりである。

数学の授業とはとっくの昔に離れたのに、今でも時として若い先生方の数学の授業を見ると血が騒ぎ、「ああしたらどうか」「自分ならこういう発問をしたい」などと指導法を考えているシカ・ノミ先生の姿がある。微笑ましいというか、未練がましいというか、笑うしかない。

初めての著書『なぁんも　ねかったどん』では戦後の物資の乏しい生活を、次の『おてっき歌とた』では歌の体験を、そしてこの『紙と鉛筆と数学』では数学教師としての、その時々の想いを書くことができた。拙いが人生の三部作として鉱脈社から出版できることはうれしい限りである。これらは、長年連れ添ってくれている妻京子のおかげであり感謝したい。

宮崎市江南の寓居にて　平成30年　夏　　　　　　　　著者　北村　秀秋

著者略歴

北 村 秀 秋 (きたむら　ひであき)

昭和19年　　都城市生まれ
昭和42年　　宮崎大学教育学部数学科卒業
昭和42年から宮崎県内の国公立中学校教諭
平成元年から宮崎県教育庁勤務
　　　　　　その後校長等を経て教育事務所長、教育調整監
平成14年から都城市教育長
　　　　　　私立鵬翔中・高校教頭
　　　　　　私立宮崎学園短期大学教授
平成20年から日向市教育長（平成28年まで）

著　書
『なぁんも ねかったどん　霧島を見上げて育った少年の物語』(鉱脈社)
『なぁんも ねかったどん　おてっき 歌とた　盆地少年の歌の記憶』(鉱脈社)

住　所　〒880-0944　宮崎市江南２丁目32－３

なぁんも ねかったどん
紙と鉛筆と数学

2018年12月19日 初版印刷
2018年12月28日 初版発行

著　者　北村秀秋 ©

発 行 者　川口敦己

発 行 所　鉱 脈 社
　　　　　〒880-8551 宮崎市田代町263番地　電話0985-25-1758
　　　　　郵便振替 02070-7-2367

印刷·製本　有限会社 鉱脈社

© Hideaki Kitamura 2018　　　　　（定価はカバーに表示してあります）

　　　　　印刷·製本には万全の注意をしておりますが、万一落丁·乱丁本がありましたら、お買い上げの
　　　　　書店もしくは出版社にてお取り替えいたします。（送料は小社負担）

著者既刊本

ふみくら文庫23
なぁんもねかったどん
霧島を見上げて育った少年の物語

北村秀秋 著　　定価［本体1000円+税］

国中が貧乏だったあの時代、子どもたちはたくましかった。霧島盆地に戦後の少年時代をすごした著者が、着る物、食べる物、住まい、遊具など「モノ」をして時代を語らせる。

なぁんも ねかったどん
おてっき 歌とた
盆地少年の歌の記憶

北村秀秋 著　　定価［本体1800円+税］

昭和20年代から40年代の戦後復興のなか、歌は生きていた。童謡から民謡、ラジオからのテーマ曲や歌謡曲へとよみがえるあの時代の風景を振り返る。「なぁんもねかったどん」第2弾。